自由組合裝飾，隨心搭配好有趣！

自由組合裝飾，隨心搭配好有趣！

開一間超人氣の 不織布甜點屋

堀內さゆり◎著

前言

不織布是擁有不可思議魅力的素材。

輕柔的觸感＆具有溫度的質感，讓心都溫暖了起來。

此外，它鮮豔美麗的色彩，更使人的精神為之飽滿。

本書作品就是以擁有以上特性的不織布為素材，

創作出許多的可愛點心＆甜點，

蛋糕、聖代、甜甜圈、巧克力、餅乾……

連鯛魚燒＆傳統甜點也有喔！

專注地將一個個小配件縫在一起，

一步一步邁向完成，感覺時間的流逝是如此平靜且充實，

盡情地享受手作的樂趣，完成自己的不織布甜點屋吧！

完成的作品可以收藏＆裝飾、當作小朋友的玩具，

或拿來作為禮物也OK呢！

希望這些可愛的不織布甜點們，

能夠帶給你幸福的感受。

New Open・開心玩！

開一間超人氣の不織布甜點屋

Contents

巧克力蛋糕

玫瑰擠花蛋糕
（粉紅色）

草莓戚風蛋糕
（巧克力鮮奶油）

覆盆莓蛋糕

玫瑰擠花蛋糕
（綠色）

蕾亞起司蛋糕

抹茶慕斯蛋糕

草莓戚風蛋糕
（白色鮮奶油）

最喜歡蛋糕了！蛋糕店

戚風蛋糕、起司蛋糕、巧克力蛋糕……
從各式各樣的蛋糕中，選出自己喜歡的吧！
「今天該挑哪個好呢？」

作法 ➡ P.33 至 P.39

將各種顏色的
不織布剪成圓形，
當作咖啡杯內容物的
替換道具！

選蛋糕時
要記得拿夾子夾喔！

杯墊

口味豐富の聖代

在市售的玻璃杯中塞入羊毛氈或海綿，
再放入布丁＆冰淇淋，以水果或堅果作裝飾，
好看又好玩的可愛聖代完成囉！

作法 ➡ P.40至P.43

能不能裝盛得
看起來好吃呢♪

布丁聖代　　　　　　草莓聖代　　　　　　巧克力冰淇淋聖代

蕾亞起司蛋糕塔

蛋糕捲

草莓塔

作為擺飾使用
也大滿足♥

超仿真！時髦の蛋糕

時髦的水果起司塔＆蛋糕捲並排的模樣
看起來就像是人氣甜點前三名！
僅只是注視著，幸福的感覺便會油然而生。

作法 ➡ P.44 至 P.46

捲捲可麗餅

草莓、香蕉、蘋果、柳橙、櫻桃，
再加上藍莓＆覆盆莓！
以可麗餅將各種水果及鮮奶油，
全部包起來吧！

作法 ➡ P.47至P.50

草莓可麗餅

香蕉可麗餅

該怎麼組合搭配
更好吃呢？

蘋果可麗餅

盤子

圓形鬆餅

小熊鬆餅

叉子

刀子

加料要放巧克力醬
還是鮮奶油好呢？
可以選擇自己喜愛的口味，
加在鬆餅上喔！

平底鍋

鍋鏟

搖一下平底鍋，
試著把鬆餅翻面吧！

鬆餅好了嗎？

機關在於將生的一面翻面後，就會變成煎好的一面喔！
也一起作好平底鍋、鍋鏟、盤子及刀叉，
與家中的小朋友一起開心地扮家家酒吧！

作法 ➡ P.51至P.53

色彩繽紛の甜甜圈

巧克力淋醬或撒上砂糖等口味,人氣甜甜圈一次到位!
只要稍微改變不織布的顏色或配料,
一種紙型就能變化出八種不同的甜甜圈。

作法 ➡ P.54 至 P.55

白巧克力

哈密瓜

草莓

巧克力&彩色巧克力米

試著以喜歡顏色的
不織布作作看吧！

咖啡

覆盆莓

糖霜

巧克力淋醬可可亞

居然有這麼多口味，
真是讓人難以抉擇啊！

13

以不織布甜點為棋子，
玩一場連連看遊戲
也很有趣哩！

苦甜松露巧克力　　　愛心白巧克力　　　摩卡巧克力

牛奶糖巧克力　　　微笑巧克力　　　細糖巧克力

伯爵茶愛心巧克力　　草莓松露巧克力　　堅果咖啡巧克力

可愛の
巧克力拼盤

令人忍不住開始收集的經典巧克力，
可以放入真的巧克力空盒中，
或在棋盤遊戲中使用也很有趣喔！

作法 ➡ P.56 至 P.59

好多餅乾！
點心樹

在餅乾背面縫上魔鬼氈，自由地裝飾餅乾樹吧！
可以將各式各樣的餅乾裝上或取下，
也很推薦給小小孩們玩扮家家酒喔！

作法 ➡ P.60至P.63

餅乾越多越好玩！

餅乾樹

口味猜一猜？
鯛魚燒店

將以暗釦固定的鯛魚燒餅皮打開，
就可以自由替換內餡的紅豆泥或奶油。
餅皮也有黃色&白色兩種可供選擇！

作法 ➡ P.64

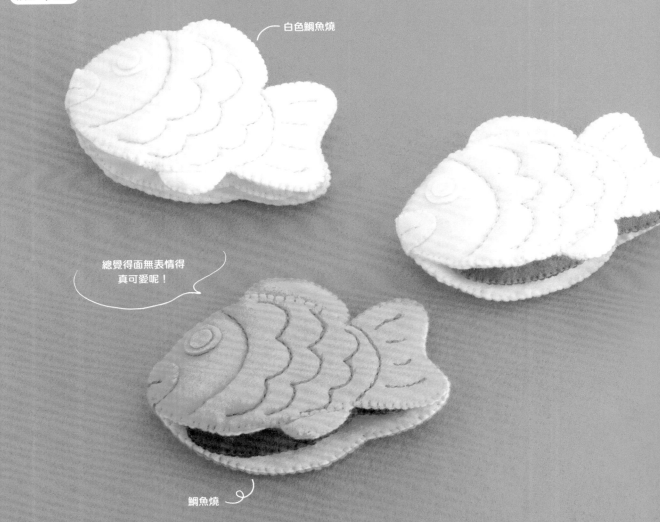

白色鯛魚燒

總覺得面無表情得
真可愛呢！

鯛魚燒

內餡有小倉紅豆餡、白豆沙餡、
卡士達餡、巧克力餡、
青豌豆甜餡、草莓起司餡等六種喔！

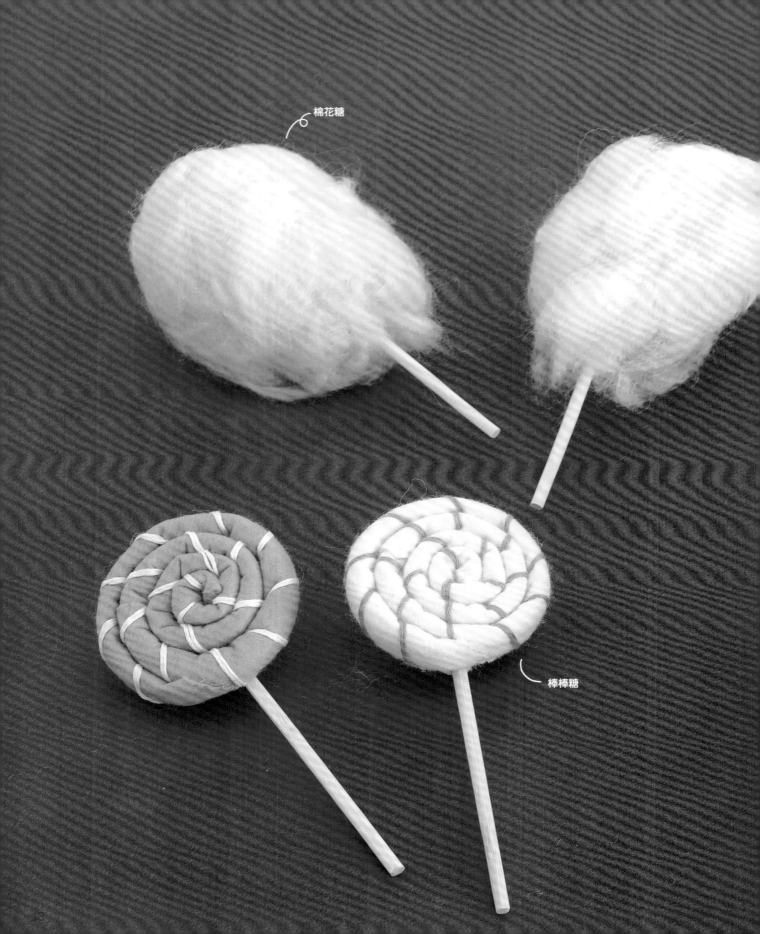

棉花糖

棒棒糖

慶典日の傳統甜點屋

滿心雀躍地物色著最令人開心的傳統甜點店。
這裡搜集了在慶典之日可以看到的
懷舊甜點＆刨冰。

作法 ➡ P.65 至 P.67

宇治金時冰

草莓白玉冰

除了一般的不織布，
還利用羊毛氈
呈現出刨冰＆棉花糖
鬆軟的質感。

各種口味の
冰淇淋店

可以依據每日的心情
自由選擇冰淇淋口味。

將磁鐵埋入餅乾杯&冰淇淋內，用力收口就完成了！
可以從六種不同的口味中，
選出喜歡的冰淇淋放在餅乾杯上。

作法 ➡ P.68 至 P.70

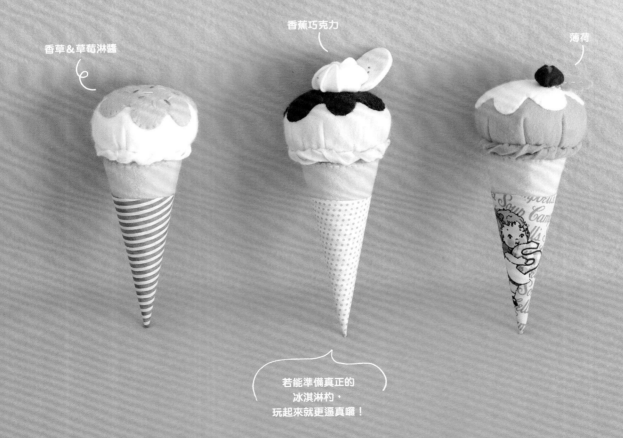

香草&草莓淋醬

香蕉巧克力

薄荷

若能準備真正的
冰淇淋杓，
玩起來就更逼真囉！

不同口味的糖漿 &
各式各樣的水果配料，
你最喜歡哪個口味呢？

草莓

抹茶

榛果巧克力

可以收藏自製的
巧克力或餅乾喔♪

草莓蛋糕

好想裝入滿滿的寶物！
甜點BOX

草莓&巧克力，
兩種口味自由選擇！

以馬卡龍&鮮奶油裝飾蓋子，
作成蛋糕形狀的收納盒。
除了拿來收藏小東西或小首飾，也可以裝飾房間喔！

作法 ➡ P.71至P.73

巧克力蛋糕

可愛の
甜點飾品＆小物

將不織布甜點作成吊飾、磁鐵、飾品……
改變一下配色，大人＆小孩都適用，
還可以試著與家中的小朋友配成對喔！

作法 ⇒ P.74至P.76

可愛的模樣
令人每天都想使用！

馬卡龍＆草莓吊飾

水果多多の磁鐵

讓人想
一口吃掉的逼真感！

巧克力餅乾髮飾

可愛&氣質，
你喜歡哪一個？

送禮好選擇！
小寶貝の玩具

觸感溫柔，
堅固又安全的玩具！

帶有溫暖色彩&質感的不織布，
最適合作為小朋友玩具的素材了！
很推薦為家中的孩子親手製作玩具或餽贈親友喔！

作法 ➡ P.77至P.78

冰淇淋手搖鈴

甜甜圈握力器

不織布甜點家家酒

本書的作品除了能讓大人從中享受手作及收集、裝飾的樂趣之外，
也將作品精心設計為可以與孩子們一同扮演家家酒的同樂玩具。
此單元此將為你介紹幾種玩法＆使用方法。

我是小小甜點師！

自由選擇水果、鮮奶油、糖漿等素材，完成甜點吧！

● 「口味豐富の聖代」（→P.6）
因為是塞入羊毛氈或棉花，即使杯子大小或形狀與書中作品不同也無妨，就以手邊現有
的杯子將各種素材裝飾進去吧！

● 「捲捲可麗餅」（→P.8）
從各式各樣的水果及鮮奶油中選擇自己喜歡的，以可麗餅皮捲起來吧！

● 「鬆餅好了嗎？」（→P.10）
以平底鍋將鬆餅翻面再裝盤，就像真的在製作鬆餅呢！

● 「慶典日の傳統甜點屋」──刨冰（→P.19）
以當作冰＆糖漿的羊毛氈、紅豆內餡及草莓，完成刨冰吧！

扮演店員＆客人の遊戲

可以是親子遊戲，也可以讓小朋友們輪流扮演店員＆客人。

● 「最喜歡蛋糕了！蛋糕店」（→P.4）
端著盤子，手持蛋糕夾，蛋糕店店員為客人送上蛋糕囉！
如果搭配飲料會更有趣。

● 「超仿真！時髦の蛋糕」（→P.7）、「色彩繽紛の甜甜圈」
（→P.12）、「可愛の巧克力拼盤」（→P.14）、「慶典日の傳統
甜點屋」（→P.18）
店裡擺滿了各種不同的甜點供客人選擇。

● 「口味猜一猜？鯛魚燒店」（→P.16）
店員精心製作，餅皮＆內餡都可以讓客人自由選擇喔！

● 「各種口味の冰淇淋店」（→P.20）
請客人選擇冰淇淋口味後，店員將冰淇淋放入冰淇淋杯中，
再對客人說聲「請用」。

作為玩具熱鬧地玩耍

藉由遊戲中的觸碰，可以帶來培養孩子身心健全成長的預期效果。

● 「好多餅乾！點心樹」（→P.15）
將背面有魔鬼氈的餅乾黏在餅乾樹上，裝飾成喜歡的點心樹。

● 「送禮好選擇！小寶貝の玩具」（→P.26）
會發出喀拉喀拉等聲響，可以讓小寶貝拿在手上玩耍。

材料＆工具

製作不織布甜點的材料＆工具都相當容易取得，
除了手工藝材料店之外，也可在均一價商店或文具行購得。

★基本の材料＆工具

不織布
不織布的色彩豐富，且有不分正反面與不易皺等特點，是很好利用的素材。若要用於製作小型作品，可使用20×20cm・厚1mm的不織布。

25號繡線
縫合不織布或刺繡時使用。縫合時請挑選與不織布相同色系的繡線，也可使用60號機縫用線。

針（刺繡針或縫針）
刺繡針可能因取的股數多寡而有粗細不同之分。原則上只要能穿過欲使用的線，不論何種針都OK。選擇自己順手的吧！

描圖紙、透明膠帶及鉛筆（自動筆）
描圖紙是在描繪紙型線條時使用，膠帶則是在將剪下的紙型貼於不織布上時使用。

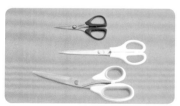

剪刀
剪紙剪刀用於裁剪紙型，剪布剪刀用於裁剪不織布。若能準備剪刀前端特別尖細的手工藝用剪刀，裁剪小零件時將十分便利。

記號筆
在不織布上畫刺繡記號時使用，推薦選用會隨著時間經過而淡去痕跡的記號筆。

手工藝用棉花
塞入縫合的不織布內，呈現立體感。可以使用化學纖維製的手工藝棉花。

手工藝用白膠
除了不織布之外，還可以用來黏貼水鑽、玻璃粉等細小的零件。也可使用木工用白膠。

★讓作品更加分の材料

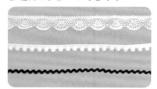

緞帶＆飾帶
用於裝飾甜點。本書中使用蕾絲緞帶、毛球飾帶、水兵帶等。

串珠、水鑽、玻璃粉等
用於裝飾甜點或水果。特別是玻璃粉最適合用來作為餅乾或甜甜圈的糖霜使用。

毛球
小小的毛球裝飾。從最簡單的到混金銀蔥的，素材及大小種類繁多，總能在想要來點不同的裝飾時小兵立大功！

羊毛氈
在本書中用來製作看起來具有蓬鬆感的奶油＆刨冰，可以直接取用不需特別加工。

基本作法

將不織布裁剪整齊是作出好看作品的祕訣。
因此，在此牢記紙型的描繪方法＆不織布的裁剪法吧！

★描繪紙型＆裁剪不織布

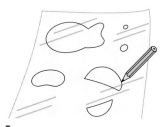

1 描繪紙型

將想要製作的作品以描圖紙描繪紙型或影印亦可。

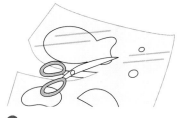

2 裁剪紙型

以剪刀沿著劃線外圍剪出稍大的紙型。

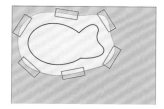

3 將紙型貼在不織布上

將剪下的紙型放在不織布上，為了不讓紙型移位而以膠帶固定。

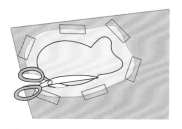

4 裁剪不織布

沿著紙型以剪刀將不織布與描圖紙一起剪下。

5 以粉土筆劃記號

如魚眼睛等，在之後要刺繡或貼上小裝飾處，以記號筆作記號。

One Point

將用畢的描圖紙型收起來，以後仍可重複利用。膠帶仍然貼著的也無妨，反而會增加其堅固度，使用起來更方便。

★縫合不織布

One Point

縫合兩片不織布時，可使用「捲針縫」或「毛毯繡」，縫合貼花時則使用「立針縫」
（→P.30）

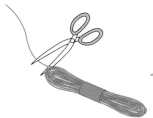

1 準備繡線

繡線請選用與不織布相近的顏色。25號繡線是以6股合成一條線，請先剪下50cm後，取「1股」、「2股」不等，依需求使用。

One Point

繡線若用於縫合不織布，基本上取1股；如果用於刺繡，則取2股。

2 縫合不織布

針穿線後打結，從內側起針開始縫合。

基礎縫紉 & 刺繡法

雖然有各式各樣的縫法 & 刺繡法,只要牢記以下介紹的就OK了!
此單元將分別就縫合不織布的縫法 & 各種刺繡法作詳細解說。

★縫法

捲針縫

基本の縫法! 將兩片不織布縫在一起時使用的最基本縫法。取1股線。

1 自1出針後,繞至不織布出針面再次穿入,由2出針。

2 以相同方法,自2出針後,再繞至出針面,由3出針。
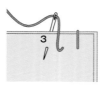

3 重複以上動作。

捲針縫。
立針縫。
直線繡。

縮縫。
捲針縫。
直線繡。

立針縫

將一片不織布縫合於另一片不織布上時的縫法,常用於縫合貼花。對齊布邊,取1股線縫製出垂直的縫目。

1 從1出針後,穿入2,自3出針。
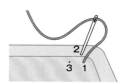

2 從3出針後,由4穿入,自5出針。
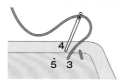

3 重複以上步驟。

縮縫(並針縫)

將縫線拉緊製造立體感的縫法。細密地運針後拉線束緊。

縮縫。

1 自1出針後,由2入針,再從3出針。

2 自3出針後,由4入針,再由5出針。
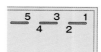

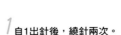

回針繡。

法國結粒繡。

★刺繡法

直線繡

完成的刺繡如同直線一般的繡法。有時還會改變線的長短或重疊刺繡。

1 自1出針,由2入針後,從3出針。

2 自3出針,由4入針後,從5出針。

3 重複以上步驟。

法國結粒繡

用於表現「點」的刺繡。依繞線的次數及線拉的鬆或緊,可變化點的大小。

1 自1出針後,繞針兩次。

2 自緊鄰1的旁邊入第2針,將線拉緊固定為一個結,針自背面穿出。

3 繞線次數越多,結點就越大;依據拉線的力道,可以調整結的鬆緊程度。

回針繡

是一種一邊倒退(回針)一邊刺繡的繡法。如同裁縫中的「回針縫」,經常使用於描繪輪廓線。

1 自1出針後,往後方2的地方入針,再從3出針。

2 自3出針,往後方4的地方入針,再從5出針。

3 重複以上步驟。

Step up

毛毯繡

用於縫合不織布時,作法較捲針縫(P.30)稍難也較為費時。不織布的重疊處將會拉出一條輪廓線,可以作出漂亮的作品。

1 將從1穿出的針從2入針、3出針,如圖示般將針壓在線上。

2 拉線,將針由4入針、5出針,以相同方式將針壓於線上後拉線。

3 重複以上步驟。

來作作看草莓&鮮奶油吧！

當記住了紙型的裁剪與基本縫法後，就來練習草莓&鮮奶油的作法吧！
不管是用於蛋糕的裝飾或可麗餅的配料，在本書中可是經常登場呢！

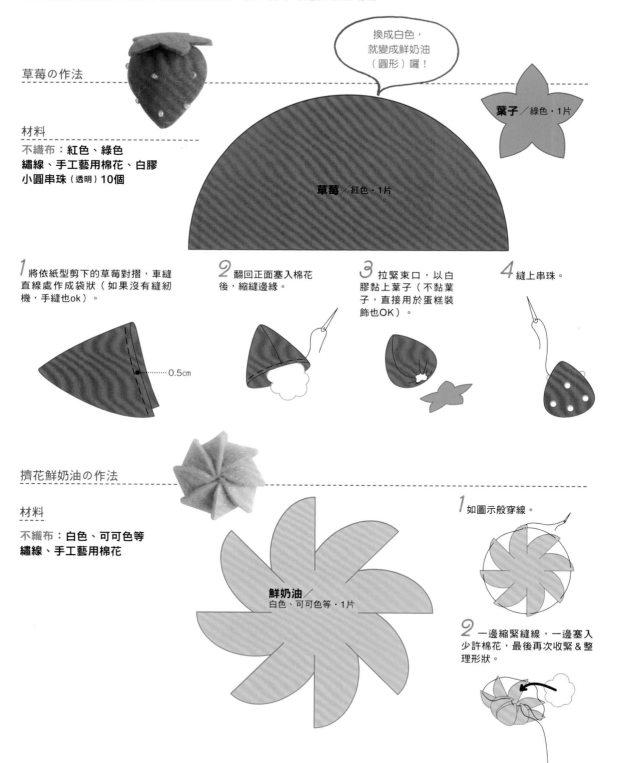

草莓の作法

材料

不織布：**紅色、綠色**
繡線、手工藝用棉花、白膠
小圓串珠（透明）10個

換成白色，
就變成鮮奶油
（圓形）囉！

葉子／綠色・1片

草莓／紅色・1片

1 將依紙型剪下的草莓對摺，車縫直線處作成袋狀（如果沒有縫紉機，手縫也ok）。

0.5cm

2 翻回正面塞入棉花後，縮縫邊緣。

3 拉緊束口，以白膠黏上葉子（不黏葉子，直接用於蛋糕裝飾也OK）。

4 縫上串珠。

擠花鮮奶油の作法

材料

不織布：**白色、可可色等**
繡線、手工藝用棉花

鮮奶油／
白色、可可色等・1片

1 如圖示般穿線。

2 一邊縮緊縫線，一邊塞入少許棉花，最後再次收緊&整理形狀。

最喜歡蛋糕了！蛋糕店

作品欣賞 ➡ P.4 至 P.5

8種蛋糕の基礎型

8種蛋糕體的形狀 & 大小皆相同，因此在完成8種蛋糕後，
可以漂亮地排列成一個完整的圓形蛋糕。

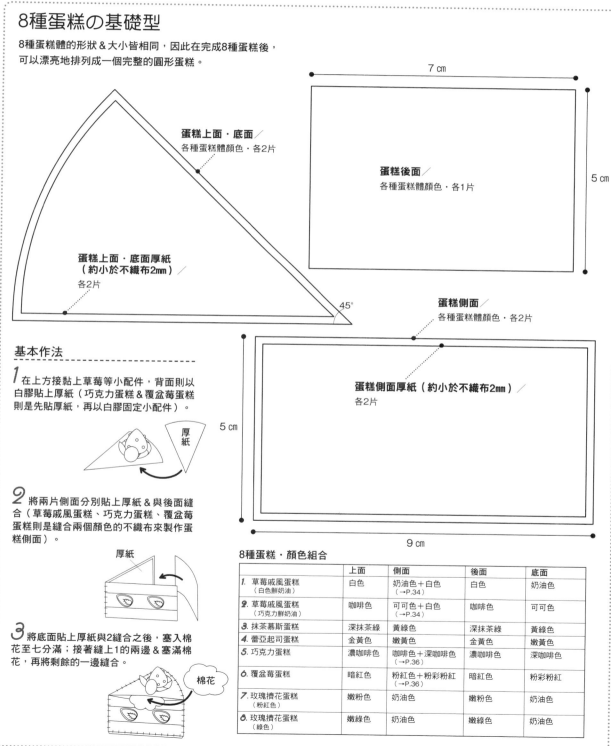

蛋糕上面·底面／
各種蛋糕體顏色·各2片

蛋糕上面·底面厚紙
（約小於不織布2mm）／
各2片

45°

7 cm

蛋糕後面／
各種蛋糕體顏色·各1片

5 cm

蛋糕側面／
各種蛋糕體顏色·各2片

蛋糕側面厚紙（約小於不織布2mm）／
各2片

5 cm

9 cm

基本作法

1 在上方接黏上草莓等小配件，背面則以
白膠貼上厚紙（巧克力蛋糕 & 覆盆莓蛋糕
則是先貼厚紙，再以白膠固定小配件）。

厚紙

2 將兩片側面分別貼上厚紙 & 與後面縫
合（草莓戚風蛋糕、巧克力蛋糕、覆盆莓
蛋糕則是縫合兩個顏色的不織布來製作蛋
糕側面）。

厚紙

3 將底面貼上厚紙與2縫合之後，塞入棉
花至七分滿；接著縫上1的兩邊 & 塞滿棉
花，再將剩餘的一邊縫合。

棉花

8種蛋糕·顏色組合

	上面	側面	後面	底面
1. 草莓戚風蛋糕 （白色鮮奶油）	白色	奶油色＋白色 （→P.34）	白色	奶油色
2. 草莓戚風蛋糕 （巧克力鮮奶油）	咖啡色	可可色＋白色 （→P.34）	咖啡色	可可色
3. 抹茶慕斯蛋糕	深抹茶綠	黃綠色	深抹茶綠	黃綠色
4. 蕾亞起司蛋糕	金黃色	嫩黃色	金黃色	嫩黃色
5. 巧克力蛋糕	濃咖啡色	咖啡色＋深咖啡色 （→P.36）	濃咖啡色	深咖啡色
6. 覆盆莓蛋糕	暗紅色	粉紅色＋粉彩粉紅 （→P.36）	暗紅色	粉彩粉紅
7. 玫瑰擠花蛋糕 （粉紅色）	嫩粉色	奶油色	嫩粉色	奶油色
8. 玫瑰擠花蛋糕 （綠色）	嫩綠色	奶油色	嫩綠色	奶油色

1. 草莓戚風蛋糕（白色鮮奶油）
2. 草莓戚風蛋糕（巧克力鮮奶油）

材料

1.草莓戚風蛋糕（白色鮮奶油）

不織布：**白色、奶油色**（蛋糕體）
　　　　白色（鮮奶油）

2.草莓戚風蛋糕（巧克力鮮奶油）

不織布：**咖啡色、可可色、白色**（蛋糕體）
　　　　咖啡色（鮮奶油）

1・2共用

不織布：**紅色**（草莓）
　　　　**紅色、鮭魚粉紅色、
　　　　嫩粉色**（草莓切片）
　　　　黃綠色（葉子）

繡線、厚紙、手工藝用棉花、白膠、貼紙
（直徑2.2cm **1.**銀色、**2.**金色）各1張、小圓串珠
（透明）各10個

上面の作法

葉子／
黃綠色・各1片
縫在蛋糕上面＆鮮奶
油上。

草莓／
紅色・各1個（紙型→P.32）
參考P.32的作法製作＆
縫在蛋糕的上面。

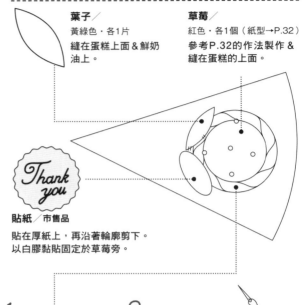

貼紙／市售品
貼在厚紙上，再沿著輪廓剪下。
以白膠黏貼固定於草莓旁。

1 對摺後交叉揉轉。

2 使之成為一個
圓圈狀，縫合兩端
＆縫於蛋糕之上。

20 cm

0.7 cm｜**鮮奶油／1.**白色・1片　**2.**咖啡色・1片

側面の作法

9 cm

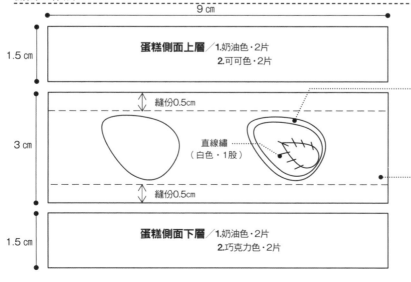

1.5 cm

蛋糕側面上層／1.奶油色・2片
　　　　　　　　2.可可色・2片

縫份0.5cm

3 cm

直線繡
（白色・1股）

縫份0.5cm

草莓切片（1・2共用）／

紅色・各4片
鮭魚粉紅色・各4片
嫩粉色・各4片

分別貼於蛋糕側面中層的4個位置。

蛋糕側面中層（1・2共用）／

白色・各2片

以立針縫將貼好草莓切片的蛋糕側面中
層與上層、下層縫合。

1.5 cm

蛋糕側面下層／1.奶油色・2片
　　　　　　　　2.巧克力色・2片

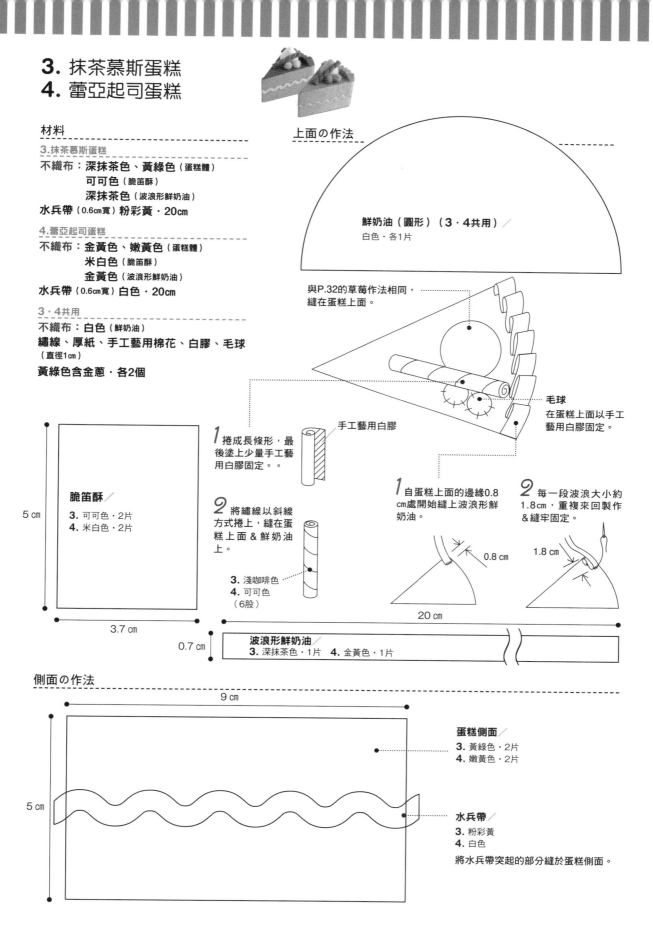

3. 抹茶慕斯蛋糕
4. 蕾亞起司蛋糕

材料

3.抹茶慕斯蛋糕

不織布：**深抹茶色、黃綠色**（蛋糕體）
　　　　可可色（脆笛酥）
　　　　深抹茶色（波浪形鮮奶油）
水兵帶（0.6cm寬）**粉彩黃**・20cm

4.蕾亞起司蛋糕

不織布：**金黃色、嫩黃色**（蛋糕體）
　　　　米白色（脆笛酥）
　　　　金黃色（波浪形鮮奶油）
水兵帶（0.6cm寬）**白色**・20cm

3・4共用

不織布：**白色**（鮮奶油）
繡線、厚紙、手工藝用棉花、白膠、毛球
（直徑1cm）
黃綠色含金蔥・各2個

上面の作法

鮮奶油（圓形）（3・4共用）／
白色・各1片

與P.32的草莓作法相同，
縫在蛋糕上面。

毛球
在蛋糕上面以手工
藝用白膠固定。

1 自蛋糕上面的邊緣0.8
cm處開始縫上波浪形鮮
奶油。

2 每一段波浪大小約
1.8cm，重複來回製作
&縫牢固定。

0.8 cm

1.8 cm

脆笛酥／
3. 可可色・2片
4. 米白色・2片

5 cm

3.7 cm

0.7 cm

1 捲成長條形，最
後塗上少量手工藝
用白膠固定。。

手工藝用白膠

2 將繡線以斜線
方式捲上，縫在蛋
糕上面 & 鮮奶油
上。

3. 淺咖啡色
4. 可可色
（6股）

波浪形鮮奶油／
3. 深抹茶色・1片　4. 金黃色・1片

20 cm

側面の作法

9 cm

5 cm

蛋糕側面／
3. 黃綠色・2片
4. 嫩黃色・2片

水兵帶／
3. 粉彩黃
4. 白色
將水兵帶突起的部分縫於蛋糕側面。

5. 巧克力蛋糕
6. 覆盆莓蛋糕

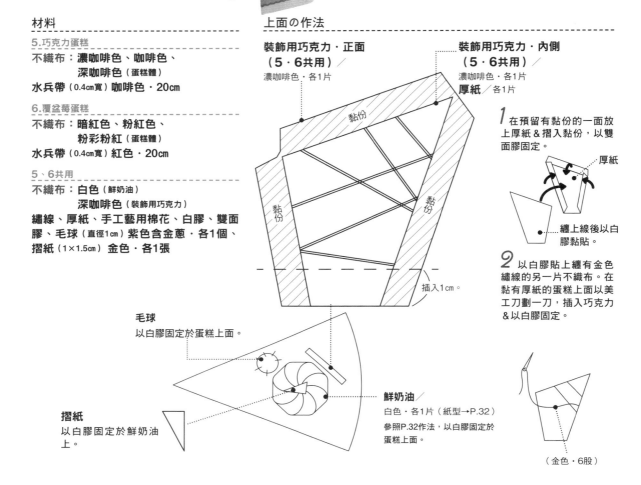

材料

5.巧克力蛋糕

不織布：濃咖啡色、咖啡色、
**　　　深咖啡色（蛋糕體）**
水兵帶（0.4cm寬）咖啡色・20cm

6.覆盆莓蛋糕

不織布：暗紅色、粉紅色、
**　　　粉彩粉紅（蛋糕體）**
水兵帶（0.4cm寬）紅色・20cm

5、6共用

不織布：白色（鮮奶油）
**　　　深咖啡色（裝飾用巧克力）**
繡線、厚紙、手工藝用棉花、白膠、雙面
膠、毛球（直徑1cm）紫色含金蔥・各1個、
摺紙（1×1.5cm）金色・各1張

上面の作法

裝飾用巧克力・正面
（5・6共用）／
濃咖啡色・各1片

裝飾用巧克力・內側
（5・6共用）／
濃咖啡色・各1片
厚紙／各1片

黏份

黏份

黏份

插入1cm。

1 在預留有黏份的一面放
上厚紙 & 摺入黏份，以雙
面膠固定。

厚紙

纏上線後以白
膠黏貼。

2 以白膠貼上纏有金色
繡線的另一片不織布。在
黏有厚紙的蛋糕上面以美
工刀劃一刀，插入巧克力
& 以白膠固定。

毛球
以白膠固定於蛋糕上面。

鮮奶油／
白色・各1片（紙型→P.32）
參照P.32作法，以白膠固定於
蛋糕上面。

摺紙
以白膠固定於鮮奶油
上。

（金色・6股）

側面の作法

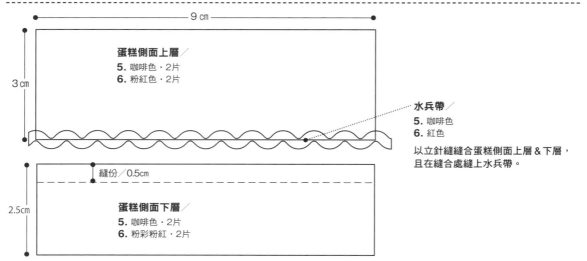

9 cm

3 cm

蛋糕側面上層／
5. 咖啡色・2片
6. 粉紅色・2片

水兵帶／
5. 咖啡色
6. 紅色

以立針縫縫合蛋糕側面上層 & 下層，
且在縫合處縫上水兵帶。

縫份／0.5cm

2.5cm

蛋糕側面下層／
5. 咖啡色・2片
6. 粉彩粉紅・2片

7. 玫瑰擠花蛋糕（粉紅色）
8. 玫瑰擠花蛋糕（綠色）

材料

7.玫瑰擠花蛋糕（粉紅色）

不織布：嫩粉色、奶油色（蛋糕體）
粉彩粉紅（玫瑰）
深黃綠色（葉子）

8.玫瑰擠花蛋糕（綠色）

不織布：嫩綠色、奶油色（蛋糕體）
黃色（玫瑰）
深黃綠色（葉子）

7、8共用

繡線、厚紙、手工藝用棉花、白膠、蕾絲
（1.8cm寬）各20cm、水鑽（直徑3mm・平面底・透明）各3個

上面の作法

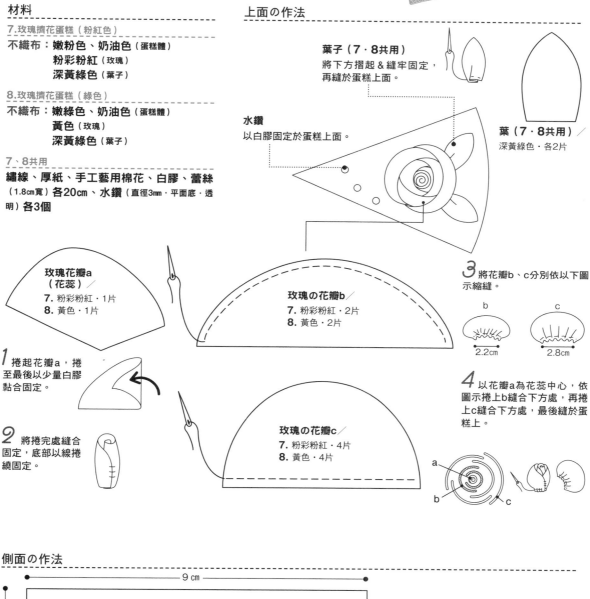

葉子（7・8共用）
將下方摺起＆縫牢固定，
再縫於蛋糕上面。

水鑽
以白膠固定於蛋糕上面。

葉（7・8共用）／
深黃綠色・各2片

玫瑰花瓣a
（花蕊）／
7. 粉彩粉紅・1片
8. 黃色・1片

玫瑰の花瓣b／
7. 粉彩粉紅・2片
8. 黃色・2片

玫瑰の花瓣c／
7. 粉彩粉紅・4片
8. 黃色・4片

1 捲起花瓣a，捲
至最後以少量白膠
黏合固定。

2 將捲完處縫合
固定，底部以線捲
繞固定。

3 將花瓣b、c分別依以下圖
示縮縫。

b
2.2cm

c
2.8cm

4 以花瓣a為花蕊中心，依
圖示捲上b縫合下方處，再捲
上c縫合下方處，最後縫於蛋
糕上。

側面の作法

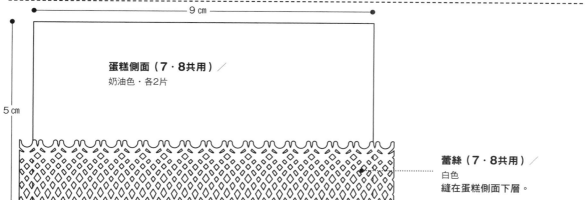

9 cm

蛋糕側面（7・8共用）／
奶油色・各2片

5 cm

蕾絲（7・8共用）／
白色
縫在蛋糕側面下層。

咖啡杯&杯墊

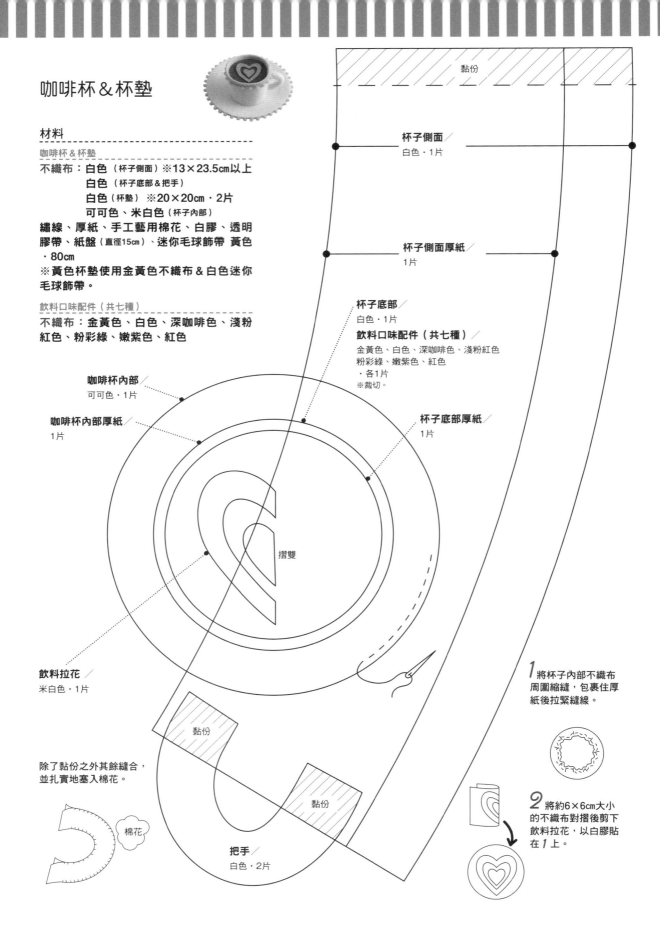

材料

咖啡杯&杯墊

不織布：白色（杯子側面）※13×23.5cm以上
　　　　白色（杯子底部&把手）
　　　　白色（杯墊）※20×20cm・2片
　　　　可可色、米白色（杯子內部）
繡線、厚紙、手工藝用棉花、白膠、透明
膠帶、紙盤（直徑15cm）、迷你毛球飾帶 黃色
・80cm
※黃色杯墊使用金黃色不織布&白色迷你
毛球飾帶。

飲料口味配件（共七種）

不織布：金黃色、白色、深咖啡色、淺粉
紅色、粉彩綠、嫩紫色、紅色

黏份

杯子側面／
白色・1片

杯子側面厚紙／
1片

杯子底部／
白色・1片

飲料口味配件（共七種）／
金黃色、白色、深咖啡色、淺粉紅色
粉彩綠、嫩紫色、紅色
・各1片
※裁切。

杯子底部厚紙／
1片

咖啡杯內部／
可可色・1片

咖啡杯內部厚紙／
1片

摺雙

飲料拉花／
米白色・1片

黏份

除了黏份之外其餘縫合，
並扎實地塞入棉花。

棉花

把手／
白色・2片

黏份

1 將杯子內部不織布
周圍縮縫，包裹住厚
紙後拉緊縫線。

2 將約6×6cm大小
的不織布對摺後剪下
飲料拉花，以白膠貼
在 *1* 上。

咖啡杯の作法

1
將咖啡杯側面的厚紙捲成圓形，重疊黏份＆以透明膠帶黏貼固定。

2
將把手的黏份攤開於厚紙重疊處，以透明膠帶黏貼固定。

3
在厚紙側面塗上白膠，底部對齊整齊後貼上側面用的不織布，再將上緣的不織布摺進厚紙的內側＆剪去多餘的側面不織布。最後將已黏貼厚紙的底面以不織布貼於底部。

內摺。

4
塞入棉花。如蓋上蓋子般，將有愛心拉花的一面朝上，往杯子內部下壓＆以白膠固定。

棉花

5
縫上26cm的毛球飾帶。

杯墊の作法

1
將紙盤塗上白膠，以裁剪成直徑17cm的兩片圓形不織布，上下夾住紙盤後黏合。將不織布裁剪至略大於紙盤0.3cm左右，且在周圍作捲針縫。

2
周圍縫上約52cm的毛球飾帶。

夾子

材料
不織布：橘色、白色
繡線、白膠
市售鐵夾（約長18cm左右）

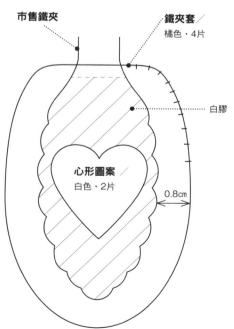

市售鐵夾

鐵夾套／
橘色・4片

白膠

心形圖案／
白色・2片

0.8cm

將不織布裁剪至略大於鐵夾0.8cm後，在鐵夾表面塗上白膠，將不織布貼於兩側。再將周圍作捲針縫，並將愛心貼於兩側面。

叉子＆湯匙

材料
不織布：嫩黃色（本體）
　　　　　橘色（把手）
繡線、厚紙、白膠

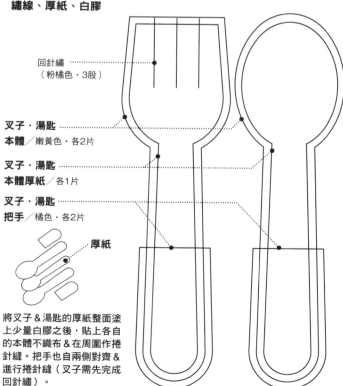

回針繡
（粉橘色・3股）

叉子・湯匙
本體／嫩黃色・各2片

叉子・湯匙
本體厚紙／各1片

叉子・湯匙
把手／橘色・各2片

厚紙

將叉子＆湯匙的厚紙整面塗上少量白膠之後，貼上各自的本體不織布＆在周圍作捲針縫。把手也自兩側對齊＆進行捲針縫（叉子需先完成回針繡）。

口味豐富の聖代

作品欣賞 ➡ P.6

經典聖代 × 3

將市售的杯子塞入不織布或海綿等各式素材，製作方法與真的聖代如出一轍！為了製作方便，請先製作符合杯子內徑大小的隔板備用。

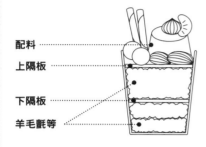

配料

上隔板

下隔板

羊毛氈等

隔板作法＆使用方法

1 將不織布＆厚紙對合挖空的洞口進行重疊，再以白膠貼合。接著在不織布邊緣作縮縫，縮緊縫線、包裹厚紙。一個杯子需製作兩片隔板。

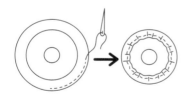

2 製作聖代時，手指可以穿過洞口以便取出＆放入。

三款聖代の隔板顏色組合

	下隔板	上隔板
1. 布丁聖代	橘色	檸檬黃
2. 草莓聖代	粉彩粉紅	酒紅色
3. 巧克力冰淇淋聖代	可可色	深咖啡色

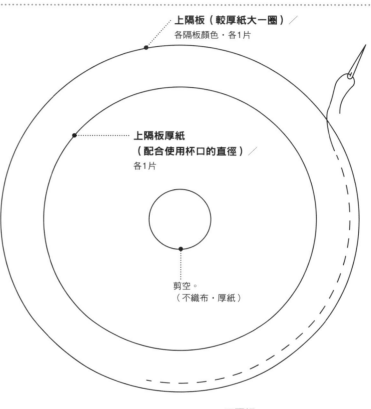

上隔板（較厚紙大一圈）/
各隔板顏色・各1片

上隔板厚紙
（配合使用杯口的直徑）/
各1片

剪空。
（不織布・厚紙）

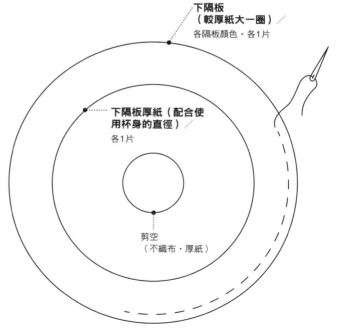

下隔板
（較厚紙大一圈）/
各隔板顏色・各1片

下隔板厚紙（配合使用杯身的直徑）/
各1片

剪空
（不織布・厚紙）

1.布丁聖代

材料

不織布：檸檬黃、橘色（隔板）
咖啡色、奶油色（布丁）
白色、橘色（鮮奶油〈細長〉）
白色（鮮奶油）
黃綠色（白葡萄）、**金黃色**（橘子）
米白色（脆笛酥）
羊毛氈：白色、黃色、橘色（杯子內部）
繡線、厚紙、手工藝用棉花、白膠

聖代の裝飾方法

脆笛酥（直徑6cm的圓形）／
米白色・2片

將單面塗上白膠後捲起，
放在布丁旁裝飾。

白膠

白葡萄／
黃綠色・2片（紙型→P.50）

參照P.50葡萄的紙型＆作法，
製作2個，放在布丁旁作裝飾。

橘子／
金黃色・2片（紙型→P.49）

參照P.49作法製作，
與鮮奶油一起裝飾在布丁上。

鮮奶油／
白色・1片（紙型→P.32）

參照P.32作法製作，裝飾在布丁上。

鮮奶油（細長）／
a.白色・4片、橘色・4片　b.白色・2片（紙型→P.42）

參照P.42作法製作2個，裝飾在布丁上。

上隔板

羊毛氈・橘色

下隔板

羊毛氈・黃色

羊毛氈・白色

布丁の作法

1 縫合貼上厚紙的上
面＆側面。

2 縫合側面接合
處，再塞入棉花＆
縫上貼有厚紙的底
部。

棉花

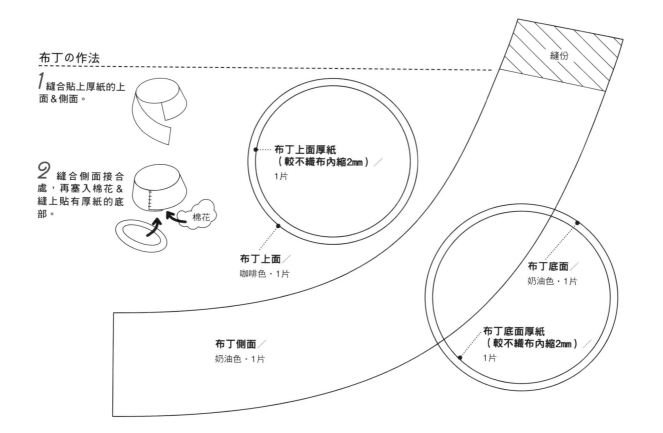

縫份

布丁上面厚紙
（較不織布內縮2mm）／
1片

布丁上面／
咖啡色・1片

布丁底面／
奶油色・1片

布丁底面厚紙
（較不織布內縮2mm）／
1片

布丁側面／
奶油色・1片

2. 草莓聖代

材料

不織布：酒紅色
　　　　粉彩粉紅（隔板）
　　　　白色（霜淇淋）
　　　　紅色、淺鮭魚粉色
　　　　嫩粉色（切片草莓）
　　　　白色、
　　　　粉彩粉紅（鮮奶油〈細長〉）
　　　　深黃綠色（香草）
羊毛氈：紅色、淺粉紅色（杯子內部）
繡線、厚紙、手工藝用棉花、白膠、毛球
（直徑1.5cm）金蔥紅色・4個、小圓串珠（透
明）10×2個

聖代の裝飾方法

切片草莓／
紅色、淺鮭魚粉色、嫩粉色・
各2片（紙型→P.48）

參照P.48作法製作2個，
裝飾在聖代上。

香草／
深黃綠色・1片
（紙型→P.49）

參照P.49作法製作2個，
放於霜淇淋旁。

鮮奶油（細長）／
參照以下作法製作2個，放
在聖代上方裝飾。

上隔板

下隔板

羊毛氈・紅色

羊毛氈・淺粉紅色

毛球・金蔥紅色

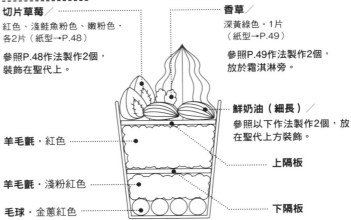

鮮奶油（細長）の作法

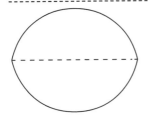

鮮奶油（細長）a／
白色・2片、粉彩粉紅・2片

鮮奶油（細長）b／
白色・1片
※較a的一半略小。

1 將a的4片兩色交錯重疊放
置，在中央進行回針繡（回
針縫）。

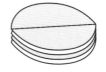

2 在 *1* 的縫線處以牙籤塗
上白膠，將b立起貼上＆整
理形狀。另一個作法亦同。

霜淇淋の作法

霜淇淋a／
白色・5片

霜淇淋b／
白色・5片

重疊5片
回針繡。

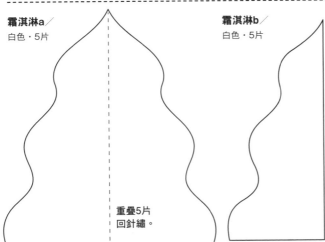

1 將a的5片重疊，進行回針
繡（回針縫）。

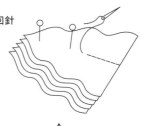

2 在 *1* 的縫線處以牙籤塗
上白膠，將b立起貼上。另
外4處也以相同方式黏貼。

3. 巧克力冰淇淋聖代

材料

不織布：深咖啡色（隔板）
　　　　可可色
　　　　白色、濃咖啡色、可可色
　　　　米白色、土黃色（冰淇淋）
　　　　白色、可可色（鮮奶油・細長）
　　　　咖啡色（巧克力棒）
　　　　嫩黃色（香蕉切片）
　　　　金黃色（芒果）
　　　　深黃綠色（香草）
羊毛氈：淺咖啡色（杯子內部）
繡線、厚紙、手工藝用棉花、白
膠、毛球（直徑0.5cm）白色・20個、
洗碗用海綿（奶油色）

聖代の裝飾法

香草／
深黃綠色・1片（紙型→P.49）
參照P.49作法製作，放在冰淇
淋旁。

巧克力棒／
咖啡色・2片（紙型→P.35）
參照P.35餅乾棒的紙型＆作法
製作2支，放在冰淇淋旁裝
飾。

鮮奶油（細長）／
a. 白色・4片、咖啡色・4片
b. 白色・2片（紙型→P.42）
參照P.42作法製作2個，
裝飾在冰淇淋旁。

羊毛氈・淺咖啡色 ⋯⋯⋯⋯⋯

毛球・白色 ⋯⋯⋯⋯⋯

香蕉切片／
嫩黃色・4片
（紙型→P.49）
參照P.49作法製作2個，裝飾
在冰淇淋旁。

芒果（圓形）／
金黃色・2片（紙型→P.50）
參照P.50葡萄的紙型＆作
製作，裝飾在冰淇淋旁。

上隔板

海綿／
將洗碗用海綿剪成約1.5cm方
塊狀，放入約15個。

下隔板

冰淇淋の作法

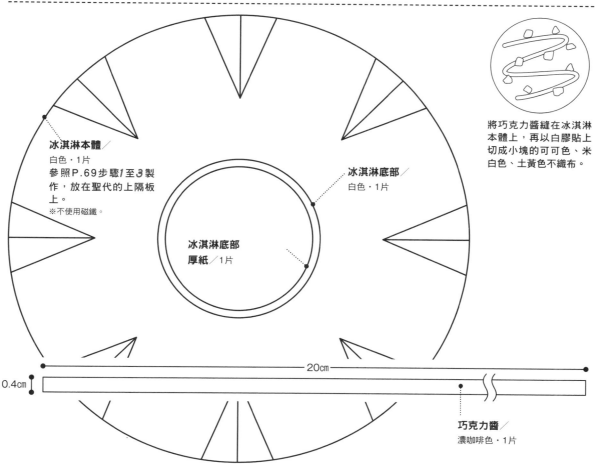

冰淇淋本體／
白色・1片
參照P.69步驟1至3製
作，放在聖代的上隔板
上。
※不使用磁鐵。

冰淇淋底部
白色・1片

冰淇淋底部
厚紙／1片

將巧克力醬縫在冰淇淋
本體上，再以白膠貼上
切成小塊的可可色、米
白色、土黃色不織布。

20cm

0.4cm

巧克力醬／
濃咖啡色・1片

超仿真！時髦の蛋糕

作品欣賞 ➡ P.7

蕾亞起司蛋糕塔

材料

不織布：**白色**（本體‧鮮奶油）
　　　　可可色（塔皮）
　　　　咖啡色、白色（巧克力片裝飾）
　　　　深藍色、淺紫色（藍莓）
　　　　抹茶色（葉子）
繡線、厚紙、手工藝用棉花、白膠、透明膠帶

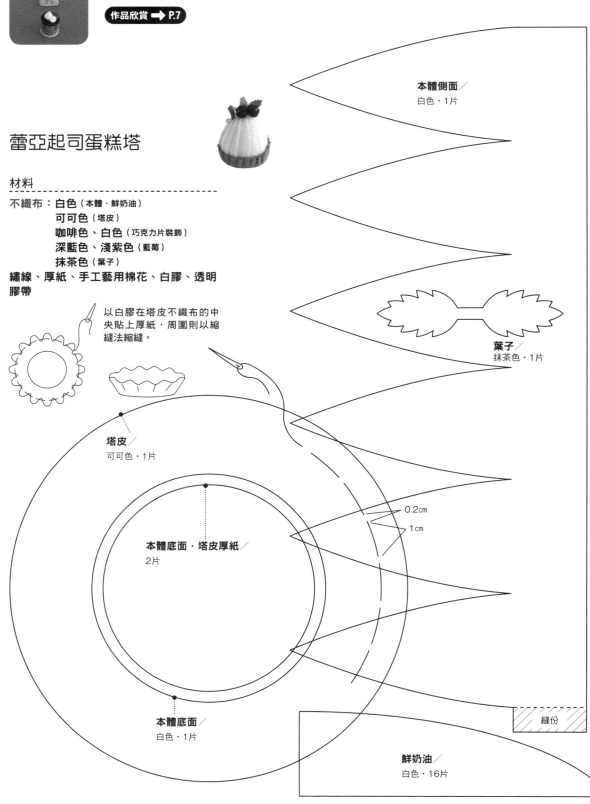

以白膠在塔皮不織布的中央貼上厚紙，周圍則以縮縫法縮縫。

塔皮／
可可色‧1片

本體底面‧塔皮厚紙／
2片

本體底面／
白色‧1片

本體側面／
白色‧1片

葉子／
抹茶色‧1片

0.2cm

1cm

縫份

鮮奶油／
白色‧16片

1 縫合本體側面山線，作成袋狀。

2 塞入棉花，縫上貼有厚紙的本體底部。

3 以白膠將16片鮮奶油一片片地交疊黏貼於2的周圍。

4 將塔皮厚紙塗上白膠＆貼在本體底面，再將周圍縫合固定。

巧克力片裝飾／
咖啡色‧1片、白色‧1片
以白膠貼合咖啡色＆白色的不織布，且剪成0.6cm×8cm的長條狀。纏繞於直徑1cm的筆上，以透明膠帶固定＆放置一晚。再從筆上取下，塗上少量白膠後縫於本體之上。

葉子（紙型→P.49）
參照P.49紙型製作，對摺＆縫於本體。

藍莓／
a.深藍色‧2片、b.淺紫色‧2片（紙型→P.50）
參照P.50作法製作2個，縫於本體。

蛋糕捲

材料

不織布：奶油色、白色、咖啡色、
　　　　濃咖啡色、紅色、橘色、
　　　　黃綠色（本體）
　　　　紅色、淺鮭魚粉色、
　　　　嫩粉（切片草莓）
　　　　藏青色、淺紫色（藍莓）
　　　　白色（鮮奶油‧細長）
繡線、厚紙、手工藝用棉花、白膠、
小圓串珠（透明）10×2個

鮮奶油（細長）／
a.白色‧4片、b.白色‧1片
（紙型→P.42）
參照P.42的作法製作，縫於本體。

切片草莓／
a.紅色‧2片、b.淺鮭魚粉色‧2片、c.嫩粉色‧2片
（紙型→P.48）
參照P.48的作法製作2個，縫於本體。

藍莓／
a.深藍色‧1片、b.淺紫色‧1片
（紙型→P.50）
參照P.50的作法製作，縫於本體。

內捲鮮奶油／
依紙型裁剪紅色、橘色、黃綠色的不織布，再以白膠黏貼。

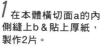

本體橫切面a／
奶油色‧2片

將a挖空。
※另一片則依翻轉的圖案挖空。

**本體橫切面厚紙
（較不織布內縮2mm）**
2張

本體橫切面b／
白色‧2片

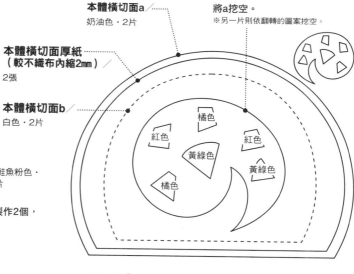

橘色
紅色
紅色
黃綠色
黃綠色
橘色

1 在本體橫切面a的內側縫上b＆貼上厚紙，製作2片。

2 縫合1的2片＆本體上面，再剪去多餘部分、塞入棉花，縫上已貼厚紙的底面。

本體底面／
濃咖啡色‧1片

**本體底面厚紙
（較不織布內縮2mm）／**
1片

本體上面／
咖啡色‧1片

3cm

15.6cm

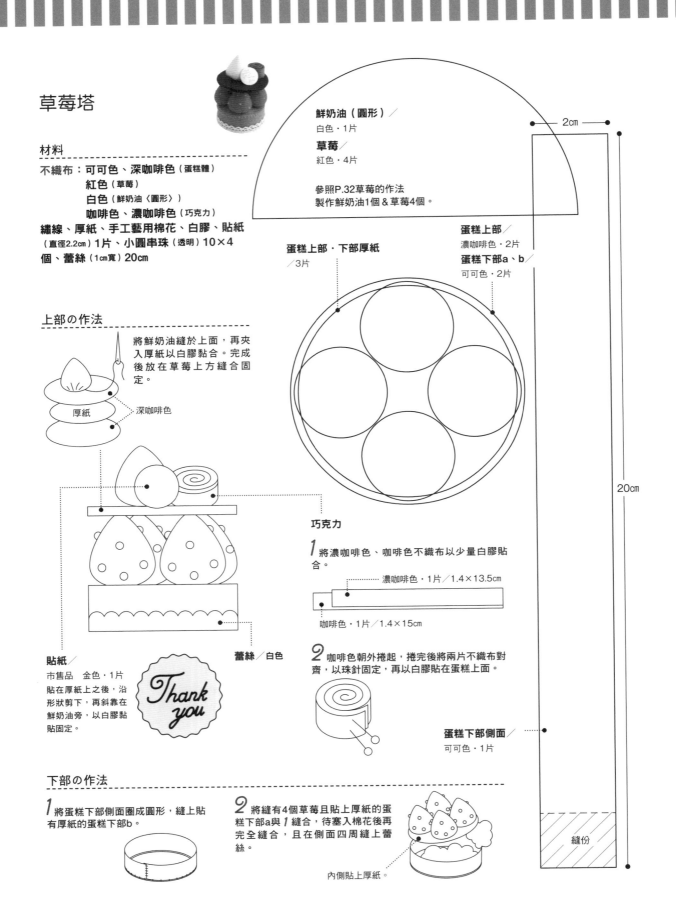

草莓塔

材料

不織布：可可色、深咖啡色（蛋糕體）
　　　　紅色（草莓）
　　　　白色（鮮奶油〈圓形〉）
　　　　咖啡色、濃咖啡色（巧克力）
繡線、厚紙、手工藝用棉花、白膠、貼紙
（直徑2.2cm）1片、小圓串珠（透明）10×4
個、蕾絲（1cm寬）20cm

鮮奶油（圓形）／
白色·1片

草莓／
紅色·4片

參照P.32草莓的作法
製作鮮奶油1個＆草莓4個。

蛋糕上部·下部厚紙
／3片

蛋糕上部／
濃咖啡色·2片

蛋糕下部a、b／
可可色·2片

2cm

20cm

上部の作法

將鮮奶油縫於上面，再夾
入厚紙以白膠黏合。完成
後放在草莓上方縫合固
定。

厚紙

深咖啡色

巧克力

1 將濃咖啡色、咖啡色不織布以少量白膠貼
合。

濃咖啡色·1片／1.4×13.5cm

咖啡色·1片／1.4×15cm

2 咖啡色朝外捲起，捲完後將兩片不織布對
齊，以珠針固定，再以白膠貼在蛋糕上面。

貼紙／
市售品　金色·1片
貼在厚紙上之後，沿
形狀剪下，再斜靠在
鮮奶油旁，以白膠黏
貼固定。

Thank you

蕾絲／白色

蛋糕下部側面／
可可色·1片

下部の作法

1 將蛋糕下部側面圈成圓形，縫上貼
有厚紙的蛋糕下部b。

2 將縫有4個草莓且貼上厚紙的蛋
糕下部a與 *1* 縫合，待塞入棉花後再
完全縫合，且在側面四周縫上蕾
絲。

內側貼上厚紙。

縫份

捲捲可麗餅

作品欣賞 ➡ P.8 至 P.9

可麗餅の基礎

製作水果及奶油等各種素材，享受自由組合包裹可麗餅的樂趣。

可麗餅皮の作法＆包法

材料

不織布：奶油色
咖啡色的色鉛筆

可麗餅皮（直徑17cm的圓形）／
奶油色・1片
將不織布剪成直徑17cm的圓形後，
將邊緣處塗上咖啡色，呈現出烤過
的感覺。預先製作3至4張。

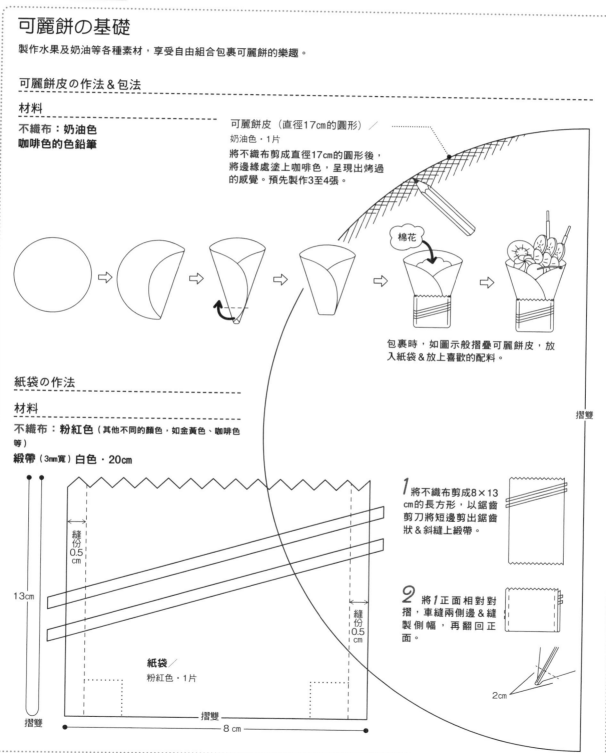

棉花

包裹時，如圖示般摺疊可麗餅皮，放
入紙袋＆放上喜歡的配料。

紙袋の作法

材料

不織布：粉紅色（其他不同的顏色，如金黃色、咖啡色
等）
緞帶（3mm寬）白色・20cm

縫份
0.5
cm

13cm

縫份
0.5
cm

紙袋／
粉紅色・1片

摺雙

摺雙

8 cm

摺雙

1 將不織布剪成8×13
cm的長方形，以鋸齒
剪刀將短邊剪出鋸齒
狀＆斜縫上緞帶。

2 將 *1* 正面相對對
摺，車縫兩側邊＆縫
製側幅，再翻回正
面。

2cm

草莓

材料

不織布：紅色、綠色
繡線、手工藝用棉花、白膠、小圓串珠（透明）9個

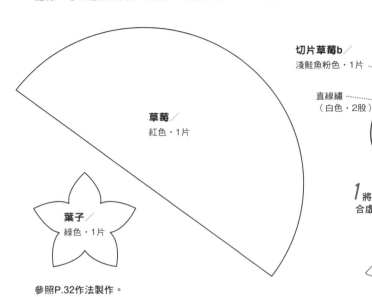

草莓／
紅色・1片

葉子／
綠色・1片

參照P.32作法製作。

切片草莓

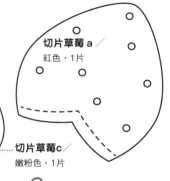

材料

不織布：紅色、淺鮭魚粉色、嫩粉色
繡線、手工藝用棉花、小圓串珠（透明）10個

切片草莓b／
淺鮭魚粉色・1片

直線繡
（白色・2股）

切片草莓a／
紅色・1片

切片草莓c／
嫩粉色・1片

1 將a縱向對摺，對齊＆縫合虛線後，翻回正面。

2 將1塞入棉花，縫上已繡上c的b，再在a的表面縫上串珠。

棉花

蘋果切片

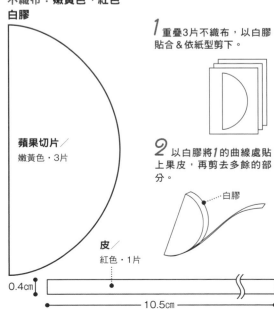

材料

不織布：嫩黃色、紅色
白膠

1 重疊3片不織布，以白膠貼合＆依紙型剪下。

2 以白膠將1的曲線處貼上果皮，再剪去多餘的部分。

白膠

蘋果切片／
嫩黃色・3片

皮／
紅色・1片

0.4cm

10.5cm

柳橙切片

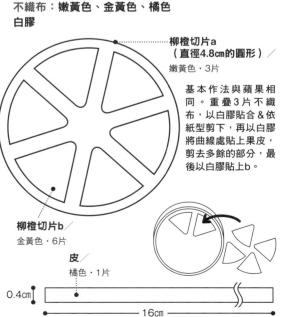

材料

不織布：嫩黃色、金黃色、橘色
白膠

柳橙切片a
（直徑4.8cm的圓形）／
嫩黃色・3片

基本作法與蘋果相同。重疊3片不織布，以白膠貼合＆依紙型剪下，再以白膠將曲線處貼上果皮，剪去多餘的部分，最後以白膠貼上b。

柳橙切片b／
金黃色・6片

皮／
橘色・1片

0.4cm

16cm

巧克力棒（細長）

1. 巧克力
2. 草莓
3. 白巧克力

材料

不織布：奶油色（餅乾體）
　　　　濃咖啡色、
　　　　粉彩粉紅、白色（巧克力）
繡線、白膠、竹籤・各1支

1 將竹籤剪成14cm長。

14cm

2 在餅乾體的不織布單面塗上少量白膠。從*1*的一端1mm處開始捲繞一圈＆捲針縫。

3 與*2*的不織布約重疊3mm，捲上代表口味的不織布後捲針縫。草莓口味完成後，需再以紅色簽字筆點上紅點，製造顆粒感。

重疊3mm。

餅乾體／
奶油色・各1片

巧克力／
1.濃咖啡色
2.粉彩粉紅
3.白色・各1片

塗上白膠。

鮮奶油

材料

不織布：粉彩粉紅（另有可可色、白色等）
繡線、手工藝用棉花

參照P.32
作法製作。

鮮奶油／
粉彩粉紅・1片

香蕉切片

材料

不織布：嫩黃色
繡線、白膠

依紙型剪下1片，進行刺繡。再以白膠黏於另一片不織布後剪下，整理形狀。

香蕉／
嫩黃色・2片

法國結粒繡
（淺咖啡色・2股）

直線繡
（奶油色・2股）

香草

材料

不織布：深黃綠色
繡線

以縮縫的針法在葉子上繡製葉脈，再自莖的部分處對摺，以線在對摺處捲繞兩次固定。

平針繡
（粉彩綠・2股）

香草／
深黃綠色・1片

橘子

材料

不織布：金黃色
繡線、手工藝用棉花

橘瓣／
金黃色・2片

直線繡
（淺橘色・2股）

取其中1片進行刺繡，再將兩片重疊、縫合四周，於塞入棉花後完全縫合。

葡萄

材料

不織布：嫩紫色
繡線、手工藝用棉花

改以深紫色或黃綠色不織布製作不同色的葡萄也OK，若以金黃色製作就變成芒果（圓形）囉！

葡萄a
（直徑4.8cm的圓形）
嫩紫色・1片

葡萄b（直徑1.5cm的圓形）
嫩紫色・1片

a縮縫一圈後拉緊，再於塞入棉花後縫上b。

櫻桃

材料

不織布：牡丹色（紫紅色）
繡線、鬆緊繩（細）深咖啡色・8cm、手工藝用棉花、白膠

櫻桃a
（直徑4.3cm的圓形）
牡丹色・1片

將鬆緊繩穿過a中央後打結＆塗上白膠，再將周圍縮縫，塞入棉花後縫上b。

僅在a中央開洞。

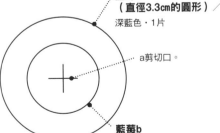

櫻桃b
（直徑1.4cm的圓形）
牡丹色・1片

覆盆莓

材料

不織布：酒紅色
繡線、手工藝用棉花

覆盆莓
（直徑4.2cm的圓形）
酒紅色・1片

1 縮縫一圈，塞入棉花後拉緊縫線縮口。

2 以8等分的比例縫上直線。

3 一邊拉線，一邊橫向進行回針繡（回針縫）。

藍莓

材料

不織布：深藍色、淺紫色
繡線、手工藝用棉花、白膠

藍莓a
（直徑3.3cm的圓形）
深藍色・1片

a剪切口。

藍莓b
（直徑1.9cm的圓形）
淺紫色・1片

b在周圍塗上白膠。

1 將b以白膠貼在a的背面。

2 在a的周圍縮縫，塞入棉花後再拉線縮口。

奇異果

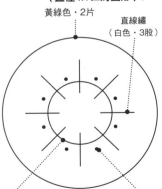

材料

不織布：黃綠色、嫩黃色
繡線、手工藝用棉花

奇異果a
（直徑4.1cm的圓形）
黃綠色・2片

直線繡
（白色・3股）

法國結粒繡
（黑色・2股）

奇異果b
（直徑1.7cm的圓形）
嫩黃色・1片

將b縫在a上，以黑色＆白色繡線進行刺繡。重疊兩片，塞入棉花後縫合。

鬆餅好了嗎？

作品欣賞 ➡ P.10 至 P.11

鬆餅
（圓形・小熊）

材料
不織布：**奶油色、咖啡色**（鬆餅）
**土黃色、濃咖啡色、
白色**（糖漿＆鮮奶油）
濃咖啡色（眼睛＆鼻子）
奶油色（奶油）
繡線、厚紙、手工藝用棉花、白膠

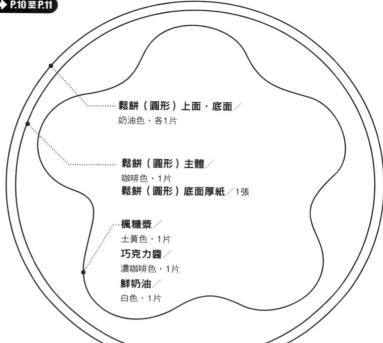

鬆餅（圓形）上面・底面／
奶油色・各1片

鬆餅（圓形）主體／
咖啡色・1片
鬆餅（圓形）底面厚紙／1張

楓糖漿／
土黃色・1片
巧克力醬／
濃咖啡色・1片
鮮奶油／
白色・1片

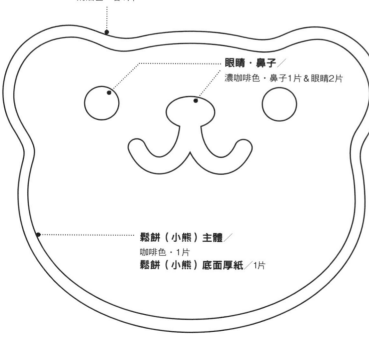

鬆餅（小熊）上面・底面／
奶油色・各1片

眼睛・鼻子／
濃咖啡色・鼻子1片＆眼睛2片

鬆餅（小熊）主體／
咖啡色・1片
鬆餅（小熊）底面厚紙／1片

1 將底面以白膠貼上厚紙後，與側面縫合。側面接合處約重疊1cm，剪去多餘的部分。

2 將上面縫上眼睛、鼻子、本體＆在背面貼上厚紙後，與*1*縫合，再於塞入棉花後完全縫合。

參照P.57巧克力作法製作。

奶油上面・底面厚紙／
2片

奶油上面・側面／
奶油色・1片

奶油底面／
奶油色・1片

—— 17cm ——
1.2cm
鬆餅（圓形・小熊）側面／
奶油色・各2片

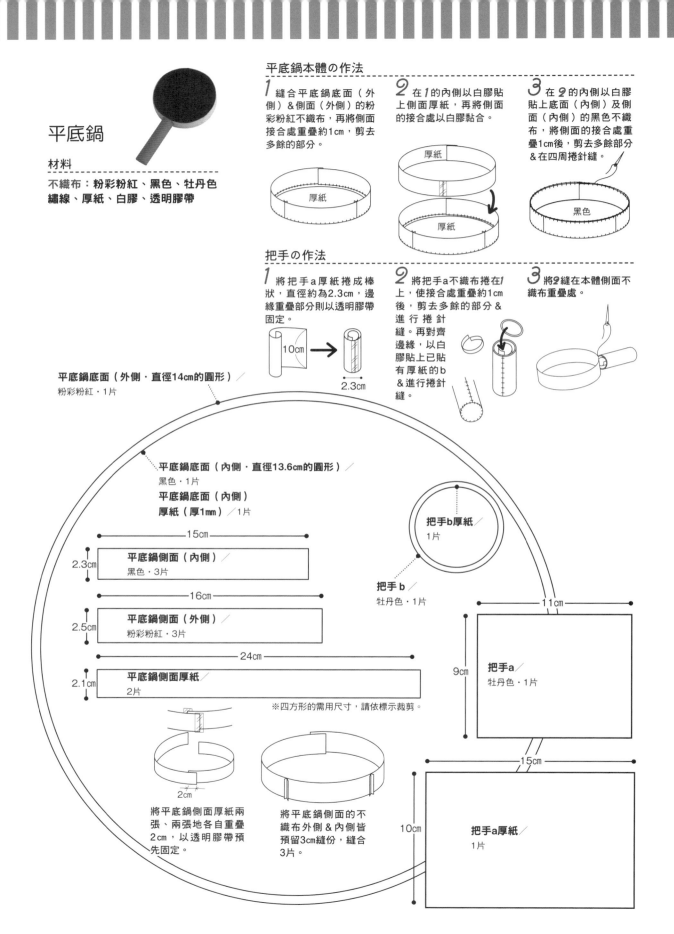

平底鍋

材料

不織布：粉彩粉紅、黑色、牡丹色
繡線、厚紙、白膠、透明膠帶

平底鍋本體の作法

1 縫合平底鍋底面（外側）&側面（外側）的粉彩粉紅不織布，再將側面接合處重疊約1cm，剪去多餘的部分。

2 在**1**的內側以白膠貼上側面厚紙，再將側面的接合處以白膠黏合。

3 在**2**的內側以白膠貼上底面（內側）及側面（內側）的黑色不織布，將側面的接合處重疊1cm後，剪去多餘部分 & 在四周捲針縫。

厚紙

厚紙

厚紙

厚紙

黑色

把手の作法

1 將把手a厚紙捲成棒狀，直徑約為2.3cm，邊緣重疊部分則以透明膠帶固定。

10cm → 2.3cm

2 將把手a不織布捲在**1**上，使接合處重疊約1cm後，剪去多餘的部分 & 進行捲針縫。再對齊邊緣，以白膠貼上已貼有厚紙的b & 進行捲針縫。

3 將**2**縫在本體側面不織布重疊處。

平底鍋底面（外側・直徑14cm的圓形）／
粉彩粉紅・1片

平底鍋底面（內側・直徑13.6cm的圓形）／
黑色・1片

平底鍋底面（內側）
厚紙（厚1mm）／1片

15cm

平底鍋側面（內側）／
黑色・3片

2.3cm

16cm

平底鍋側面（外側）／
粉彩粉紅・3片

2.5cm

24cm

平底鍋側面厚紙／
2片

2.1cm

把手b厚紙／
1片

把手 b／
牡丹色・1片

11cm

把手a／
牡丹色・1片

9cm

將平底鍋側面厚紙兩張、兩張地各自重疊2cm，以透明膠帶預先固定。

2cm

將平底鍋側面的不織布外側 & 內側皆預留3cm縫份，縫合3片。

※四方形的需用尺寸，請依標示裁剪。

15cm

把手a厚紙／
1片

10cm

鍋鏟
叉子&刀子

材料

不織布：**灰色**（本體）、**牡丹色**（把手）
　　　　白色（中空的部分）
繡線、厚紙、白膠

鍋鏟把手／
牡丹色・2片

鍋鏟本體／
灰色・2片

鍋鏟本體厚紙
（厚1mm）／
1片

鍋鏟&刀子&叉子請
參照P.39「叉子&
湯匙」的作法製作，
預先將鍋鏟中空的部
分以白膠貼上，刀子
&叉子的表情花樣也
預先刺繡完畢。

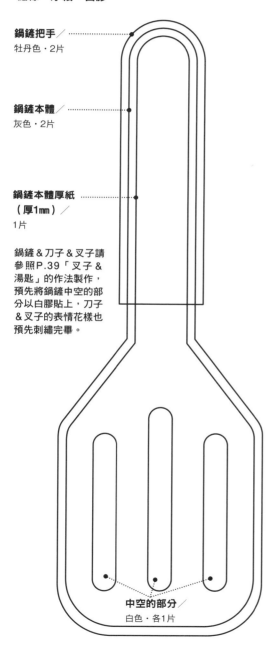

中空的部分／
白色・各1片

盤子

材料

不織布：**白色**
繡線、白膠、紙盤（直徑18cm）

1 將紙盤塗上白膠後，貼上剪成直徑20
cm圓形的不織布。再沿著紙盤的邊緣
預留0.3cm的不織布，剪去多餘的不織
布。

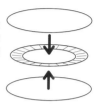

2 紙盤下方也以 *1* 的相同方式貼上不
織布，對齊&裁去多餘的不織布。

3 待白膠乾燥後，四周進行捲針縫。

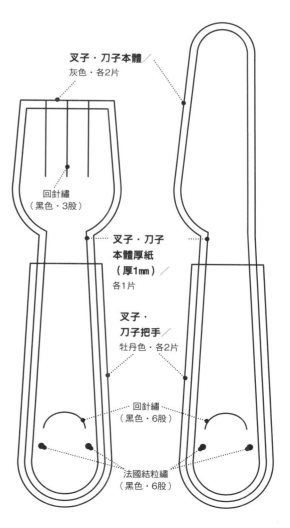

叉子・刀子本體／
灰色・各2片

回針繡
（黑色・3股）

叉子・刀子
本體厚紙
（厚1mm）／
各1片

叉子・
刀子把手／
牡丹色・各2片

回針繡
（黑色・6股）

法國結粒繡
（黑色・6股）

色彩繽紛の甜甜圈

作品欣賞 ➡ P.12 至 P.13

8種甜甜圈の基礎作法

基本紙型只有1個。藉著改變不織布的顏色或裝飾，就可以作出各種不同口味的甜甜圈。

1 將中央挖空後，重疊2片，再在中央洞口周圍捲針縫。

2 將四周捲針縫至一半時塞入棉花，建議以竹籤（鈍端）輔助，可以將棉花塞緊，使成品更加漂亮。

3 一邊添加棉花，一邊捲針縫。

4 如P.55所示進行裝飾。

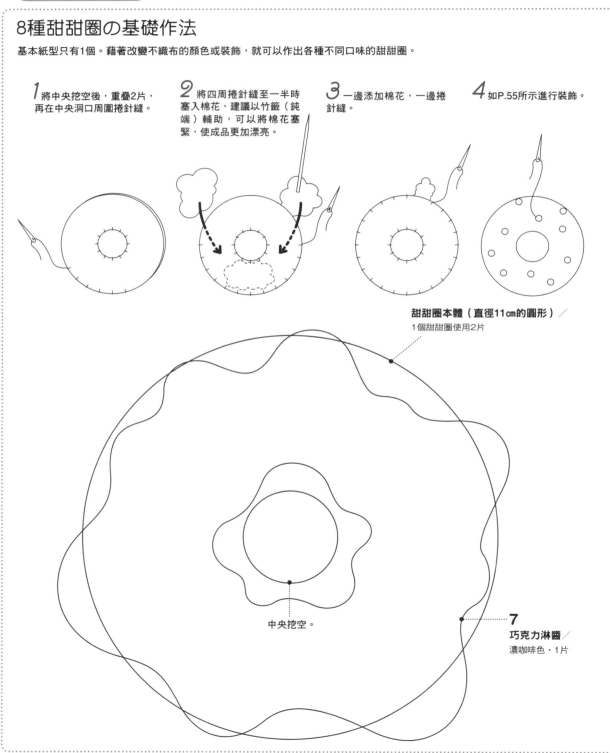

甜甜圈本體（直徑11cm的圓形）
1個甜甜圈使用2片

中央挖空。

7
巧克力淋醬
濃咖啡色・1片

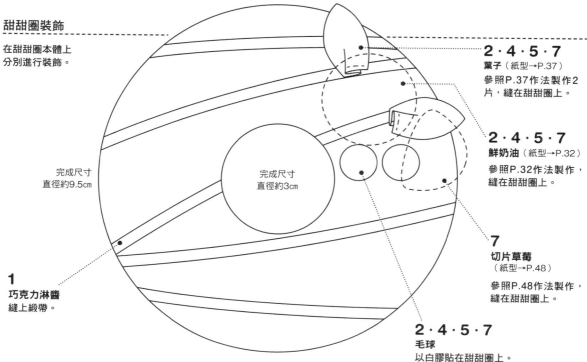

甜甜圈裝飾

在甜甜圈本體上
分別進行裝飾。

2·4·5·7
葉子（紙型→P.37）
參照P.37作法製作2
片，縫在甜甜圈上。

2·4·5·7
鮮奶油（紙型→P.32）
參照P.32作法製作，
縫在甜甜圈上。

完成尺寸
直徑約9.5cm

完成尺寸
直徑約3cm

7
切片草莓
（紙型→P.48）

參照P.48作法製作，
縫在甜甜圈上。

1
巧克力淋醬
縫上緞帶。

2·4·5·7
毛球
以白膠貼在甜甜圈上。

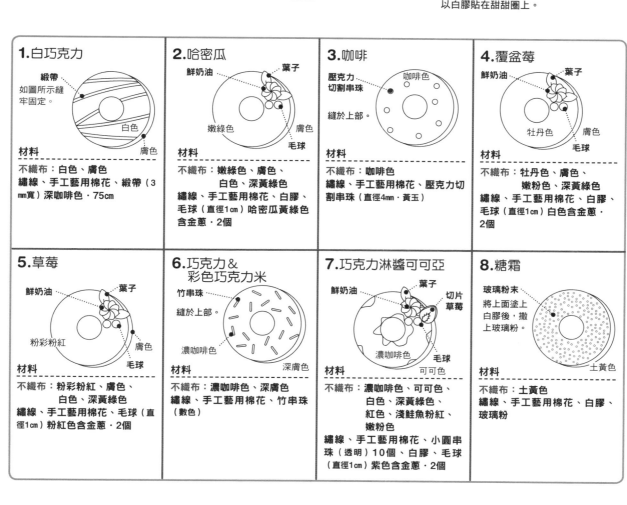

1.白巧克力

緞帶
如圖所示縫
牢固定。

白色

膚色

材料
不織布：白色、膚色
繡線、手工藝用棉花、緞帶（3
mm寬）深咖啡色·75cm

2.哈密瓜

鮮奶油
葉子
嫩綠色
膚色
毛球

材料
不織布：嫩綠色、膚色、
白色、深黃綠色
繡線、手工藝用棉花、白膠、
毛球（直徑1cm）哈密瓜黃綠色
含金蔥·2個

3.咖啡

壓克力
切割串珠
咖啡色

縫於上部。

材料
不織布：咖啡色
繡線、手工藝用棉花、壓克力切
割串珠（直徑4mm·黃玉）

4.覆盆莓

鮮奶油
葉子
牡丹色
膚色
毛球

材料
不織布：牡丹色、膚色、
嫩粉色、深黃綠色
繡線、手工藝用棉花、白膠、
毛球（直徑1cm）白色含金蔥·
2個

5.草莓

鮮奶油
葉子
粉彩粉紅
膚色
毛球

材料
不織布：粉彩粉紅、膚色、
白色、深黃綠色
繡線、手工藝用棉花、毛球（直
徑1cm）粉紅色含金蔥·2個

**6.巧克力&
彩色巧克力米**

竹串珠

縫於上部。

濃咖啡色
深膚色

材料
不織布：濃咖啡色、深膚色
繡線、手工藝用棉花、竹串珠
（數色）

7.巧克力淋醬可可亞

鮮奶油
葉子
切片
草莓
濃咖啡色
毛球
可可色

材料
不織布：濃咖啡色、可可色、
白色、深黃綠色、
紅色、淺鮭魚粉紅、
嫩粉色
繡線、手工藝用棉花、小圓串
珠（透明）10個、白膠、毛球
（直徑1cm）紫色含金蔥·2個

8.糖霜

玻璃粉末
將上面塗上
白膠後，撒
上玻璃粉。

土黃色

材料
不織布：土黃色
繡線、手工藝用棉花、白膠、
玻璃粉

可愛の巧克力拼盤

作品欣賞 ➡ P.14

1.苦甜松露巧克力

材料

不織布：**濃咖啡色、可可色**
繡線、厚紙、手工藝用棉花、白膠

如右圖所示製作巧克力，且在上方撒上剪碎的不織布。

堅果／
以白膠貼上剪碎的可可色不織布。

2.草莓松露巧克力

材料

不織布：**淺粉紅色**
繡線、厚紙、手工藝用棉花、白膠

如右圖 1 所示製作巧克力。纏上白色繡線＆以白膠貼上已貼有厚紙的底面之後，進行捲針縫。

白巧克力淋醬
纏上白色繡線（6股）。

3. 伯爵茶愛心巧克力
4. 愛心白巧克力

材料

不織布：**酒紅色、白色**
繡線、厚紙、手工藝用棉花、白膠、
水鑽（直徑6mm・下方平坦）
水晶透明色、淺粉紅色・各1個

1・2の基本の作法

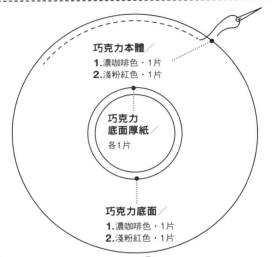

巧克力本體／
1.濃咖啡色・1片
2.淺粉紅色・1片

巧克力底面厚紙／
各1片

巧克力底面／
1.濃咖啡色・1片
2.淺粉紅色・1片

1 將巧克力本體周圍縮縫後拉線，待塞入棉花後再縮緊。將縮口來回縫合，整理形狀。

2 底面以白膠貼上厚紙，黏於 *1* 的縮口上＆進行捲針縫。

3・4の作法

1 在愛心上面＆底面分別以白膠貼上厚紙，與側面縫合＆塞入棉花後完全密封。

2 以白膠在 **3** 上黏貼透明水鑽＆在 **4** 上黏貼淺粉紅色水鑽。

愛心上面・底面厚紙／
各2片

愛心上面・底面／
3.酒紅色・2片
4.白色・2片

將側面接合處多餘的部分剪去，進行捲針縫。

愛心側面／
3.酒紅色・1片
4.白色・1片

1.5cm

9.2cm

5.牛奶糖巧克力

材料

不織布：土黃色、濃咖啡色、咖啡色
繡線、厚紙、手工藝用棉花、白膠

如右圖所示製作巧克力，將圖案a、
b排列於上面之後，以白膠貼合。

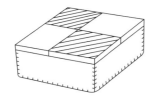

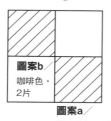

圖案b／
咖啡色・
2片

圖案a／
濃咖啡色・2片

5・6・7の基本の作法

1 將巧克力本體的中間以
白膠貼上厚紙，周圍縫合
成箱子狀。

2 在 *1* 中塞入棉花後，縫
上已貼有厚紙的底面。

巧克力底面／
　5.土黃色・1片
　6.咖啡色・1片
　7.深咖啡色・1片

巧克力底面
厚紙／各1片

巧克力本體／
　5.土黃色・1片
　6.咖啡色・1片
　7.深咖啡色・1片

6.細糖巧克力

材料

不織布：咖啡色
繡線、厚紙、手工藝用棉花、白膠、
玻璃粉

如右圖所示製作巧克力，將上面塗
上充足的白膠後，撒上玻璃粉。

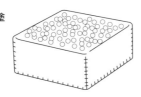

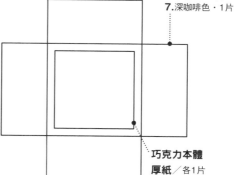

巧克力本體
厚紙／各1片

7.堅果咖啡巧克力

材料

不織布：深咖啡色、土黃色
繡線、厚紙、手工藝用棉花、白膠

如右圖所示製作巧克力，以白膠在
上面黏貼堅果。

堅果／
土黃色・2片

回針繡
（淺咖啡色・2股）

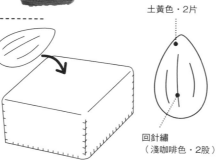

其中一片進行回針
繡，再重疊縫合兩
片，待塞入棉花後完
全縫合。

8.摩卡巧克力

材料

不織布：咖啡色、可可色、濃咖啡色
繡線、厚紙、手工藝用棉花、白膠、
深咖啡色水兵帶・12cm

如右圖所示製作巧克力，以白膠在上面黏貼咖啡豆。

咖啡色

可可色

咖啡豆／
濃咖啡色・1片

四周縮縫，塞入棉花後，拉緊縫線縮口。

在上面作回針繡。
（淺咖啡色・2股）

9.微笑巧克力

材料

不織布：奶油色、土黃色、濃咖啡色
繡線、厚紙、手工藝用棉花、白膠、深咖啡色水兵帶
・12cm

如右圖所示製作巧克力，以白膠在上面黏貼眼睛&嘴巴。

奶油色

土黃色

眼睛・嘴巴／
濃咖啡色・眼睛2片&嘴巴1片

8・9の作法

1 以白膠將水兵帶貼在巧克力側面。

2 將側面與已貼有厚紙的上面&底面縫合，塞入棉花。側面接合處重疊約0.5cm，再剪去多餘部分進行捲針縫。

水兵帶／
深咖啡色・12cm

巧克力
上面・底面
厚紙／2片

巧克力上面・底面
（直徑3cm的圓形）／
8.可可色&咖啡色・各1片
9.奶油色&土黃色・各1片

10cm

巧克力側面／
8.咖啡色・1片
9.土黃色・1片

1.5cm

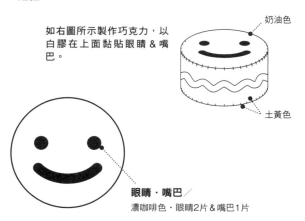
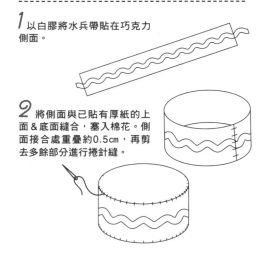
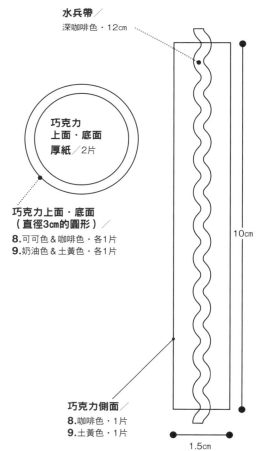

遊戲板

材料

不織布：奶油色
※直接取用20cm×20cm不織布1片，不需裁剪。
字母印章、深咖啡色布用印台

〈玩法〉
兩人對戰。先選定自己的棋子（巧克力），
每次輪流各放一個，先完成一直線者勝利。

遊戲板の作法

1 在不織布上車線，每個方格約5公分。外側的四方形為鋸齒狀。

2 蓋印章。建議沿著直尺壓印會
較為工整。

壓印。

外側線條為鋸齒狀。

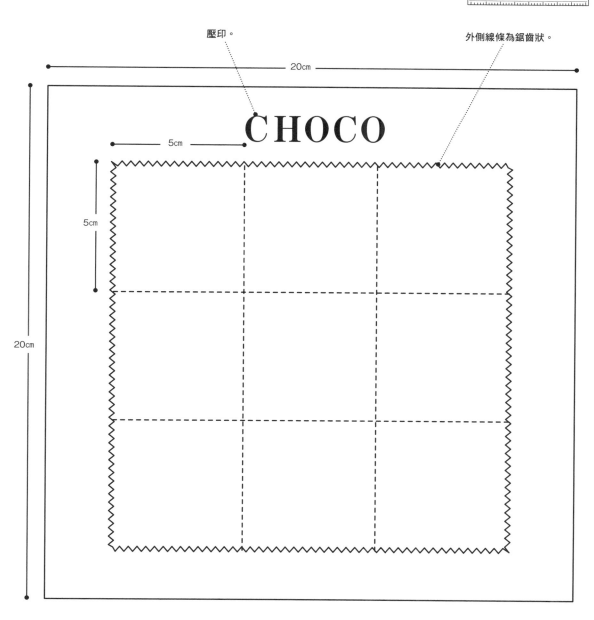

20cm

5cm

5cm

20cm

CHOCO

好多餅乾！點心樹

作品欣賞 ➡ P.15

點心樹

材料

不織布：白色〔本體〕
　　　　黃色、牡丹色、白色、濃咖啡色〔馬卡龍＆櫻桃帽子〕
繡線、厚紙、手工藝用棉花、白膠、透明膠帶、魔鬼氈〔2.5cm寬〕‧40cm、
鬆緊繩〔細〕咖啡色‧8cm、黃色毛球飾帶‧51cm、毛球〔直徑1cm〕白色‧20個

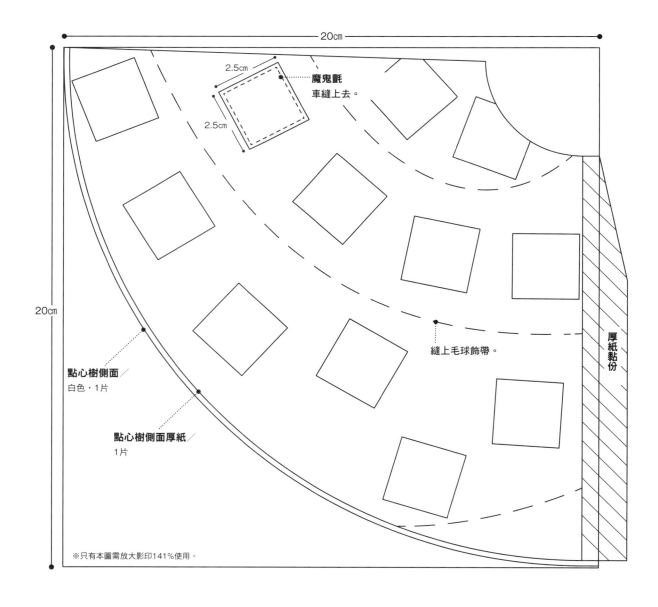

點心樹側面／
白色‧1片

點心樹側面厚紙／
1片

2.5cm

2.5cm

魔鬼氈
車縫上去。

縫上毛球飾帶。

厚紙黏份

20cm

20cm

※只有本圖需放大影印141%使用。

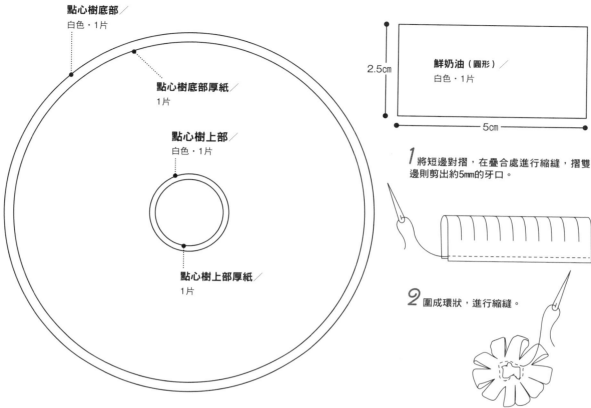

點心樹底部／
白色・1片

點心樹底部厚紙／
1片

點心樹上部／
白色・1片

點心樹上部厚紙／
1片

鮮奶油（圓形）／
白色・1片

2.5cm

5cm

1 將短邊對摺，在疊合處進行縮縫，摺雙邊則剪出約5mm的牙口。

2 圍成環狀，進行縮縫。

點心樹本體の作法

1 將樹的側面厚紙捲成一圈，重疊邊緣黏份，以透明膠帶固定。

2 剪下點心樹側面不織布，車縫上魔鬼氈（軟的一面）。

3 在*1*的厚紙上塗白膠，貼上*2*的不織布＆在接合處捲針縫。再縫上毛球飾帶，且在空出來的部位貼上毛球。

4 將已貼有厚紙的上部＆底部與*3*縫合，塞入棉花後，再完全縫合。

5 將本體上部縫上馬卡龍。

6 在馬卡龍上部縫上鮮奶油（圓形）＆櫻桃。

馬卡龍／
黃色・2片（紙型→P.72）
參照P.72作法製作。

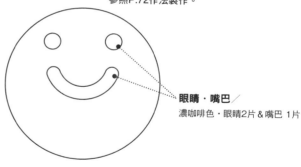

眼睛・嘴巴／
濃咖啡色・眼睛2片＆嘴巴 1片

櫻桃／
參照P.50作法製作。

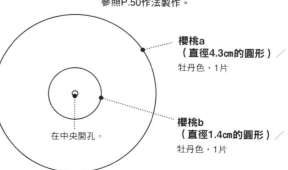

櫻桃a
（直徑4.3cm的圓形）／
牡丹色・1片

櫻桃b
（直徑1.4cm的圓形）／
牡丹色・1片

在中央開孔。

餅乾（塞入棉花型）の基礎作法

1至10的餅乾，皆需縫合2片重疊的不織布，再塞入棉花。

基本作法

1 在其中一片不織布上車縫上魔鬼氈（硬的一面）。

2 將縫有魔鬼氈的一面朝外，塞入棉花後，再將兩片重疊縫合。

3 如圖所示，在餅乾上加上裝飾。

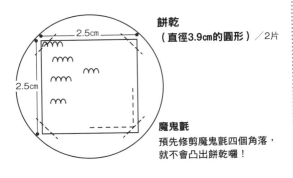

餅乾
（直徑3.9㎝的圓形）／2片

2.5cm
2.5cm

魔鬼氈
預先修剪魔鬼氈四個角落，就不會凸出餅乾囉！

圓形餅乾
（**1.** 巧克力淋醬）

材料

不織布：**可可色**
繡線、手工藝用棉花、白膠、魔鬼氈、
壓克力顏料（黑色＆咖啡色）、**毛筆**

餅乾／
可可色・2片

巧克力淋醬／
在白膠中混入黑色＆咖啡色的壓克力顏料，以毛筆塗色。

圓形餅乾
（**2.** 糖霜）

材料

不織布：**奶油色**
繡線、手工藝用棉花、白膠、魔鬼氈、
玻璃粉、色鉛筆（咖啡色＆土黃色）

餅乾／
奶油色・2片

糖霜／
塗上白膠後，撒上玻璃粉。

在邊緣處以色鉛筆上色作出漸層。

圓形餅乾
（**3.** 迷你擠花・巧克力）
（**4.** 迷你擠花・草莓）

材料

不織布：**3.混合深咖啡色、可可色**
4.奶油色、淺粉紅色
繡線、手工藝用棉花、白膠、魔鬼氈、色鉛筆（咖啡色、土黃色）

餅乾／
3.混合深咖啡色・2片
4.奶油色・2片

迷你擠花／
（紙型→P.75）

3.可可色、4.淺粉紅色
參照P.32鮮奶油作法製作，再以白膠貼在餅乾上。

4在邊緣處以色鉛筆上色作出漸層。

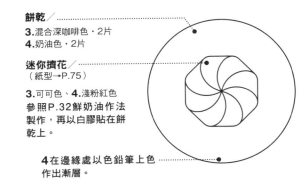

圓形餅乾
（**5.** 巧克力餡）
（**6.** 果醬餡）

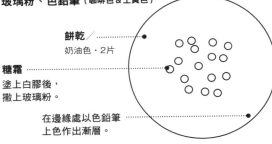

材料

不織布：**奶油色、5.混合深咖啡色、6.酒紅色**
繡線、手工藝用棉花、白膠、魔鬼氈、
色鉛筆（咖啡色＆土黃色）、**玻璃粉**

餅乾（5・6共用）／
奶油色・各2片

5.巧克力／
混合深咖啡色・1片
6.果醬／
酒紅色・1片
塞入棉花後，縫合餅乾。

（淺橘色・3股）

6.糖霜／
塗上白膠後，撒上玻璃粉。

在同一處重複上下來回繞線2至3次。

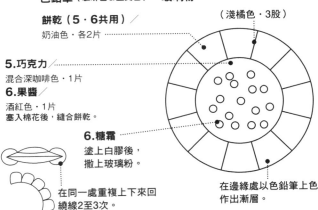

在邊緣處以色鉛筆上色作出漸層。

心形餅乾
（**7.** 白巧克力）
（**8.** 果醬餡）

材料

不織布：**7.** 奶油色、酒紅色　**8.** 可可色、乳白色
繡線、手工藝用棉花、白膠、魔鬼氈、玻璃粉、色鉛
筆（咖啡色＆土黃色）

餅乾
7. 可可色・2片
8. 奶油色・2片

7. 白巧克力
乳白色・1片

8. 果醬餡
酒紅色・1片

塞入棉花後，縫合餅乾，
再在**8**上塗白膠＆撒上玻璃粉。

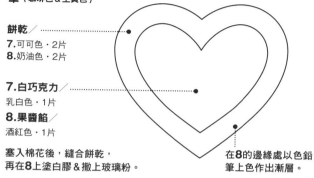

在**8**的邊緣處以色鉛
筆上色作出漸層。

星形餅乾
（**9.** 白巧克力）
（**10.** 糖霜）

材料

不織布：**9.** 濃咖啡色、乳白色、**10.** 奶油色
繡線、手工藝用棉花、白膠、魔鬼氈、玻璃粉、色鉛
筆（咖啡色＆土黃色）

餅乾
9. 濃咖啡色・2片
10. 奶油色・2片

9. 白巧克力
乳白色・1片
塞入棉花後，縫合餅乾。

10. 在邊緣處以色鉛筆
上色作出漸層，再塗上
白膠＆撒上玻璃粉。

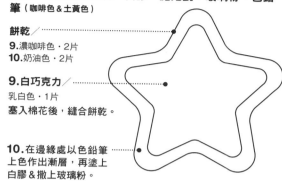

餅乾（黏貼型）の基礎作法

11至**15**的餅乾是重疊數片的不織布後黏貼製作而成，無需縫製。

基本作法

1 將不織布縫有魔鬼氈的一面朝外，放在
最下方後，貼上相同大小的不織布2片，
再在最上面貼上有圖案的不織布。

魔鬼氈
朝外。

2 在*1*的邊緣貼上剪碎的不織布，再剪去
多餘的部分。

圓形餅乾
（**11.** 2色・4分割）
（**12.** 2色・2分割）

材料

不織布：**濃咖啡色、可可色**
白膠、魔鬼氈

餅乾
（**11**＆**12**共用・
直徑3.7cm的圓形）
可可色・3片

圖案 a
可可色・2片

圖案 b
濃咖啡色・2片

圖案a
濃咖啡色・1片

圖案b
可可色・1片

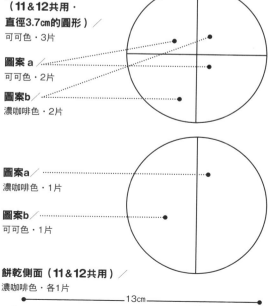

四角餅乾
（**13.** 2色・白色系）
（**14.** 2色・咖啡色系）
（**15.** 椰子）

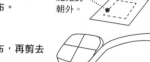

材料

不織布：**奶油色、深咖啡色、混合深咖啡色**
白膠、魔鬼氈

餅乾
13＆**14**奶油色・各3片
15混合深咖啡色・4片

圖案b
13＆**14**奶油色
各2片

圖案a
13＆**14**深咖啡色
各2片

餅乾側面
13. 奶油色・1片
14. 濃咖啡色・1片

將**15**加上直線繡（白色・6股）。

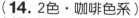

13cm

0.6cm

0.7cm　**餅乾側面**／**15.** 混合深咖啡色・1片

餅乾側面（**11**＆**12**共用）
濃咖啡色・各1片

13cm

0.6cm

口味猜一猜？鯛魚燒店

作品欣賞 ➡ P.16 至 P.17

上部　　　　　下部

表面

棉襯・2片

中面

上部　　下部

中面

棉襯・1片

表面

鯛魚燒本體／
1.土黃色（表面用）、奶油色（中面用）・各2片
2.白色・4片
棉襯・各3片

將上部（表面＋棉襯2片＋中面）＆下部（中面＋棉襯1片＋表面）各自縫合（上部應再夾入魚鰭），再藉縫合嘴巴連接上部與下部。縫上嘴巴後，在上面進行回針繡，並縫上暗釦，再在中間夾入紅豆餡或奶油餡。

1. 鯛魚燒
2. 白色鯛魚燒

材料

1.鯛魚燒

不織布：土黃色、奶油色
繡線

2.白色鯛魚燒

不織布：白色
繡線

1・2共用

棉襯、手工藝用棉花、白膠、
暗釦（直徑8mm）・1個鯛魚燒需2組

眼睛（直徑1.5cm&0.9cm的圓形）／
1.土黃色・各1片
2.白色・各1片
將大小圓重疊，以白膠貼於本體。

嘴巴／
1.土黃色・1片
2.白色・1片
對摺後放在嘴巴的預定位置，進行回針繡。

嘴巴接合位置

對摺線

回針繡
（1.淺咖啡色　2.奶油色・各3股）
將繡線穿至中面，
進行刺繡。

背鰭・腹鰭／
1.土黃色・各2片
2.白色・各2片

縫合2片，塞入棉花，在縫合本體上部表面及中面時，插入其中一起縫合。

內餡 × 6種

材料

不織布：濃咖啡色、白色、奶油色、
　　　　咖啡色、粉彩粉紅、抹茶色
繡線、手工藝用棉花

內餡／
各2片
小倉紅豆餡：濃咖啡色
白豆沙餡：白色
卡士達餡：奶油色
巧克力餡：咖啡色
草莓起司餡：粉彩粉紅
青豌豆甜餡：抹茶色

各取2片，
塞入棉花後縫合。

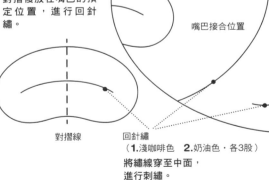

慶典日の傳統甜點屋

作品欣賞 ➡ P.18 至 P.19

1. 宇治金時冰
2. 草莓白玉冰

材料

1.宇治金時冰
不織布：白色、濃咖啡色（紅豆泥）
羊毛氈：深綠色、白色
繡線

2.草莓白玉冰
不織布：白色、紅色（草莓）
深黃綠色（香草葉）
羊毛氈：紅色、白色
繡線
小圓串珠（透明）10×2個

1·2共用
透明玻璃器皿（直徑11cm・深4cm左右）、厚紙、白膠、手工藝用棉花、雙面膠

11cm
4cm

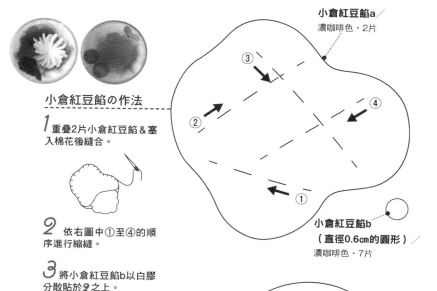

小倉紅豆餡の作法

1 重疊2片小倉紅豆餡＆塞入棉花後縫合。

2 依右圖中①至④的順序進行縮縫。

3 將小倉紅豆餡b以白膠分散貼於*2*之上。

小倉紅豆餡a／
濃咖啡色・2片

③ ② ④ ①

小倉紅豆餡b
（直徑0.6cm的圓形）
濃咖啡色・7片

白色玉b（1·2共用）／
白色・各2片

白色玉a（1·2共用）／
白色・各2片

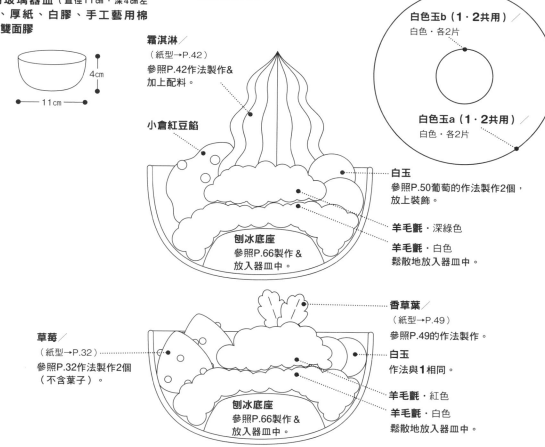

霜淇淋／
（紙型→P.42）
參照P.42作法製作＆加上配料。

小倉紅豆餡

白玉
參照P.50葡萄的作法製作2個，放上裝飾。

羊毛氈・深綠色

羊毛氈・白色
鬆散地放入器皿中。

刨冰底座
參照P.66製作＆放入器皿中。

草莓／
（紙型→P.32）
參照P.32作法製作2個（不含葉子）。

香草葉／
（紙型→P.49）
參照P.49的作法製作。

白玉
作法與**1**相同。

羊毛氈・紅色

羊毛氈・白色
鬆散地放入器皿中。

刨冰底座
參照P.66製作＆放入器皿中。

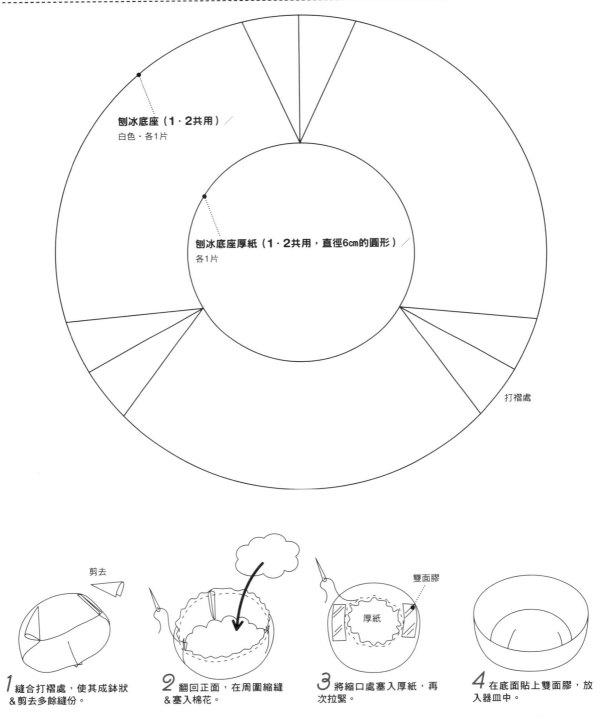

刨冰底座の作法

刨冰底座（1.2共用）／
白色・各1片

刨冰底座厚紙（1.2共用，直徑6cm的圓形）／
各1片

打褶處

剪去

1 縫合打褶處，使其成缽狀
& 剪去多餘縫份。

2 翻回正面，在周圍縮縫
& 塞入棉花。

雙面膠

厚紙

3 將縮口處塞入厚紙，再
次拉緊。

4 在底面貼上雙面膠，放
入器皿中。

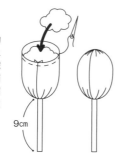

棉花糖

材料

不織布：嫩粉色
羊毛氈：嫩粉色
繡線、免洗筷（裁至15㎝長）1支、白
膠、手工藝用棉花

1 依圖示尺寸剪出棉花糖的不織布基座，預留
0.5㎝縫份後縫合邊緣。

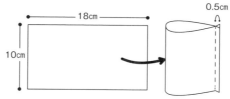

18cm

10cm

0.5cm

2 將1翻回正面，
下端縮縫。

3 將免洗筷穿過2的
下方，在自末端往上
丈量9㎝處，縮緊不織
布固定＆塗上白膠補
強。接著再將上端縮
縫，塞入棉花；留意
不要讓免洗筷穿出，
收緊縮口。

9cm

4 剪下約7㎝的羊毛氈，以手指撥鬆，
拉薄＆攤平。接著在3的基座上塗滿白
膠，將攤平的羊毛氈鋪上＆以手整理形
狀；待白膠乾燥後，再將羊毛氈拉鬆，
整理整體形狀。

7cm

羊毛氈

棒棒糖
1. 黃色　2. 粉紅色

材料

1.黃色
不織布：嫩黃色

2.粉紅色
不織布：淺鮭魚粉紅

1·2共用
繡線、免洗筷1支、白膠、
棉襯（寬2㎝）50㎝·2片

1 將20×20㎝的不織布沿著對角線斜剪，裁出寬4.5
㎝的長條，共需2條。再各自剪去一端的三角形部
分，重疊約1㎝縫合成一條＆以白膠貼上2條重疊的棉
襯暫時固定。

20cm

2cm
0.5cm

20cm

2cm

如圖示作記號。

棉襯

1cm

0.7cm

剪下。

2 以不織布將1的棉襯包裹起來，在接
合處重疊0.5㎝進行捲針縫。再將邊緣
三角形的部分也向內摺＆捲針縫縫合。

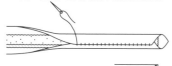

3 取2m60㎝的繡線（**1.**橘色 **2.**白色
·各6股）穿針，作成一圈後在2上纏
繞繡線＆縫牢固定。

2.5cm

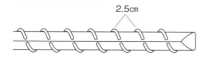

成品の參考尺寸

在內側塗上白膠。

不織布

縫牢固定。

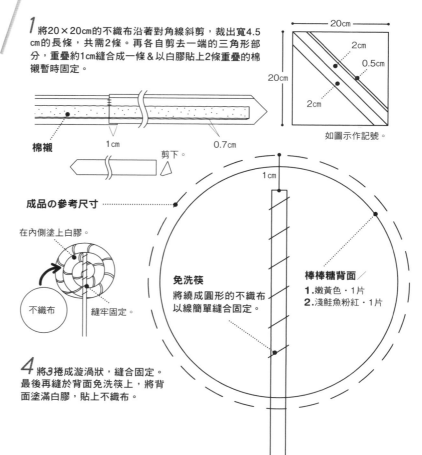

1cm

免洗筷
將繞成圓形的不織布
以線簡單縫合固定。

棒棒糖背面／
1.嫩黃色·1片
2.淺鮭魚粉紅·1片

4 將3捲成漩渦狀，縫合固定。
最後再縫於背面免洗筷上，將背
面塗滿白膠，貼上不織布。

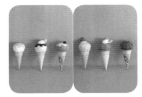

各種口味の冰淇淋店

作品欣賞 ➡ P.20至P.21

冰淇淋の基礎作法

在冰淇淋＆餅乾杯中埋入磁鐵，
就可以自由組合不同口味的冰淇淋喔！

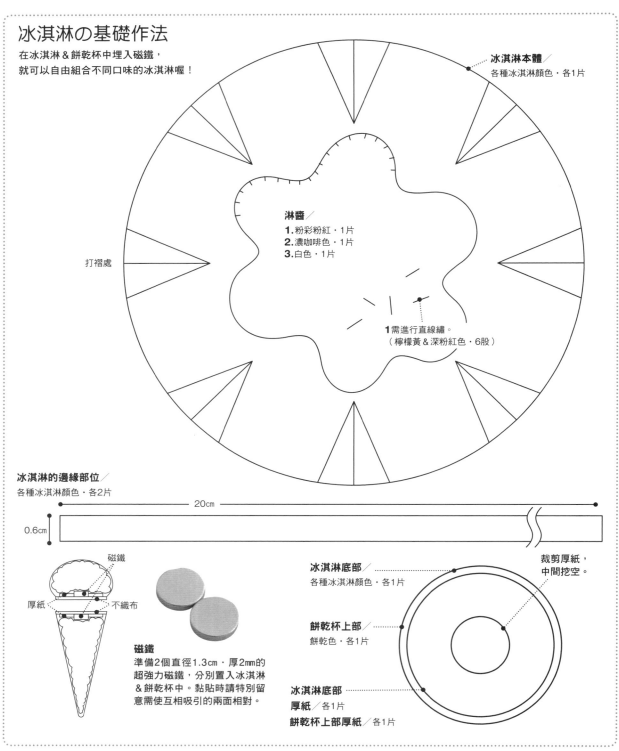

冰淇淋本體／
各種冰淇淋顏色‧各1片

淋醬／
1. 粉彩粉紅‧1片
2. 濃咖啡色‧1片
3. 白色‧1片

1需進行直線繡。
（檸檬黃＆深粉紅色‧6股）

打褶處

冰淇淋的邊緣部位／
各種冰淇淋顏色‧各2片

20cm

0.6cm

磁鐵

厚紙　　　不織布

磁鐵
準備2個直徑1.3cm‧厚2mm的
超強力磁鐵，分別置入冰淇淋
＆餅乾杯中。黏貼時請特別留
意需使互相吸引的兩面相對。

冰淇淋底部／
各種冰淇淋顏色‧各1片

餅乾杯上部／
餅乾色‧各1片

冰淇淋底部 ......
厚紙／各1片

餅乾杯上部厚紙／各1片

裁剪厚紙，
中間挖空。

68

冰淇淋の作法

1 縫合冰淇淋本體打褶處，使其呈現袋狀＆剪去多餘的縫份。

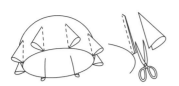

2 翻回正面，取2股繡線在周圍進行縮縫，再塞入棉花＆縮緊開口至直徑3.5cm大小。

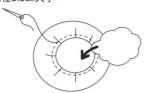

3 將作為冰淇淋底部的不織布貼上厚紙及磁鐵，縫合於*2*的縮口處。

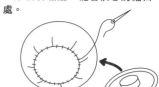

4 將2片冰淇淋邊緣不織布的一端先縫於本體底部，再一邊旋轉＆圍繞一圈，一邊以珠針固定。

5 將*4*的不織布縫牢固定。

6 進行各種口味冰淇淋的裝飾（→P.70）。

餅乾杯の作法

材料

不織布：**餅乾色**
繡線、厚紙、手工藝用棉花、白膠

1 將餅乾杯本體貼上厚紙，捲成一圈後自接合處由下往上縫合。

2 塞入棉花，縫上貼有厚紙＆磁鐵的餅乾杯上部。

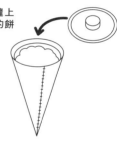

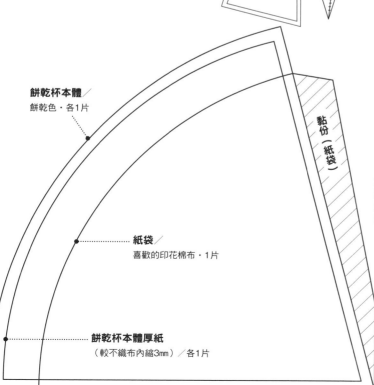

餅乾杯本體／
餅乾色・各1片

紙袋／
喜歡的印花棉布・1片

黏份（紙袋）

餅乾杯本體厚紙
（較不織布內縮3mm）／各1片

紙袋の作法

材料

喜歡的印花棉布11×11cm、木工用白膠、毛筆、雙面膠、塑膠墊

先墊上塑膠墊避免弄髒，再將喜歡的印花布攤開，塗上以水稀釋後仍呈黏稠狀的木工用白膠。放置一晚後，以熨斗燙平。再依紙型裁切適合的大小，並在黏份處貼上雙面膠後貼合。

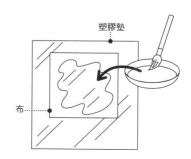

塑膠墊

布

1. 香草&草莓淋醬

材料

不織布：白色、粉彩粉紅
繡線、厚紙、手工藝用棉花、白膠、磁鐵

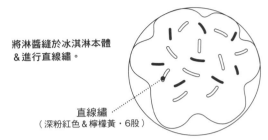

將淋醬縫於冰淇淋本體
&進行直線繡。

直線繡
（深粉紅色&檸檬黃‧6股）

2. 香蕉巧克力

材料

不織布：奶油色、濃咖啡色、白色、嫩黃色
繡線、厚紙、手工藝用棉花、白膠、磁鐵

將淋醬縫於冰淇淋本體，再
縫上鮮奶油&香蕉。

香蕉切片（紙型→P.49）
參照P.49作法製作。

鮮奶油
（紙型→P.49）
參照P.49紙型&P.32
作法製作。

3. 薄荷

材料

不織布：淺土耳其藍、白色、
　　　　深藍色、淺紫色、深黃綠色
繡線、厚紙、手工藝用棉花、白膠、磁鐵

將淋醬縫於冰淇淋本體，
再縫上藍莓&香草葉。

香草葉（紙型→P.49）
參照P.49作法製作。

（紙型→P.50）
參照P.50作法製作。

4. 草莓

材料

不織布：粉彩粉紅、紅色、白色
繡線、厚紙、手工藝用棉花、白膠、磁鐵、小圓
串珠（透明）10個

迷你小草莓（紙型→P.78）
參照P.78紙型&P.32作法製
作。

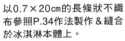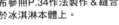

鮮奶油
以0.7×20cm的長條狀不織
布參照P.34作法製作&縫合
於冰淇淋本體上。

5. 抹茶

材料

不織布：抹茶色、白色、金黃色
繡線、厚紙、手工藝用棉花、白膠、磁鐵

橘瓣（紙型→P.49）
參照P.49紙型&作法
製作2個。

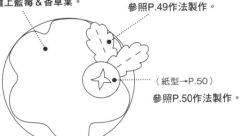

鮮奶油
（紙型→P.49）
參照P.49紙型&P.32
作法製作。

6. 榛果巧克力

材料

不織布：咖啡色、深咖啡色
繡線、厚紙、手工藝用棉花、白膠、磁鐵

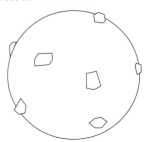

將深咖啡色不織布剪
成小塊，分散地縫於
表面。

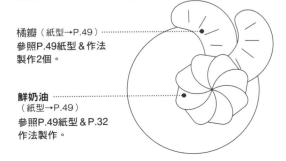

好想裝入滿滿的寶物！甜點BOX

作品欣賞 ➡ P.22至P.23

1. 巧克力蛋糕
2. 草莓蛋糕

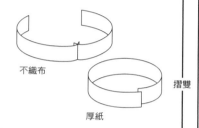

材料（蛋糕本體・蛋糕蓋）

1.巧克力蛋糕

不織布：濃咖啡色、咖啡色、土黃色
繡線

2.草莓蛋糕

不織布：粉彩粉紅
繡線、蕾絲（2.3cm寬）白色・40cm

1・2共用

厚紙、白膠、透明膠帶

側面＆底面の作法

蛋糕蓋／
1.濃咖啡色・2片
2.粉彩粉紅・2片

蛋糕側面／
1.濃咖啡色・2片
2.粉彩粉紅・2片
※另外準備4.7×38cm的厚紙。

將2片不織布預留0.7cm縫份後縫合，再將厚紙圍成一圈，在接合處重量1cm，以透明膠帶固定。

不織布

厚紙

10cm

20cm

摺雙

蛋糕底面（直徑12cm的圓形）／
1.濃咖啡色・2片
2.粉彩粉紅・2片

蛋糕蓋厚紙（1・2共用）／各1片

蛋糕底面厚紙（1・2共用）／
各1片

1 將已圍成圓圈狀的側面厚紙塗上白膠＆貼上不織布。建議先貼外側，再內摺黏貼，內側就可以貼得很整齊喔！最後再在接縫處捲針縫。

2 將已貼有厚紙的蛋糕底面再放上一片不織布，以捲針縫與側面四周縫合。

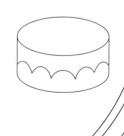

3 在**1**的側面下部貼上剪碎的不織布，**2**則縫上蕾絲。

蛋糕蓋の作法

1 先將馬卡龍等材料預先作好備用。

2 取其中一片蓋子的不織布，縫上各種裝飾物。四周的鮮奶油以白膠黏貼，其餘則皆需縫牢固定。

3 固定上裝飾物之後，以白膠將其與已貼上厚紙的另一片不織布黏合，再沿著周圍剪去1mm，整理形狀。

馬卡龍の作法

1 在馬卡龍本體四周縮縫＆塞入棉花，接著在縮口處放入厚紙，再拉緊縮口。共製作2個。

2 將馬卡龍裙邊的下緣處縮縫一圈。

3 在*1*完成的2個本體中間夾入*2*＆以白膠貼合。

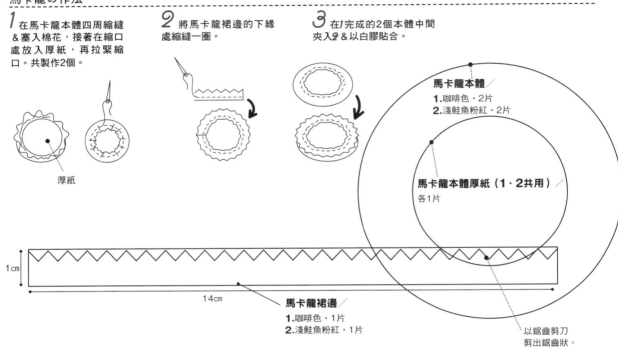

厚紙

馬卡龍本體╱
1. 咖啡色・2片
2. 淺鮭魚粉紅・2片

馬卡龍本體厚紙（1・2共用）
各1片

馬卡龍裙邊╱
1. 咖啡色・1片
2. 淺鮭魚粉紅・1片

1cm

14cm

以鋸齒剪刀剪出鋸齒狀。

鮮奶油（圓形・大）の作法

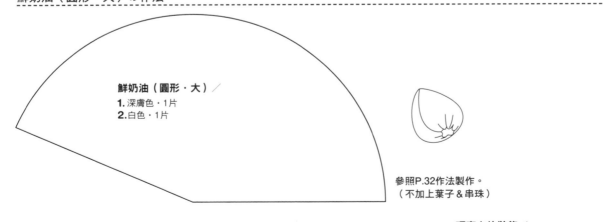

鮮奶油（圓形・大）╱
1. 深膚色・1片
2. 白色・1片

參照P.32作法製作。
（不加上葉子＆串珠）

巧克力片裝飾の作法

巧克力片裝飾╱
1. 白色＆咖啡色・各1片
2. 白色＆粉紅色・各1片

11cm

0.8cm

參照P.45作法製作。

巧克力蛋糕の装飾

鮮奶油（圓形・大）
材料
- - - - - - - - - - - - - - - - - - - -
不織布：深膚色
繡線、手工藝用棉花
參照P.72紙型＆P.32草莓的作法製作，再縫於蓋子上。

巧克力片裝飾
材料
- - - - - - - - - - - - - - - - - - - -
不織布：白色、咖啡色
白膠、透明膠帶
參照P.45作法製作，從筆上取下之後，將前後端剪去5mm，縫於蓋子上。

覆盆莓
材料
- - - - - - - - - - - - - - - - - - - -
不織布：酒紅色
繡線、手工藝用棉花
參照P.50作法製作，再縫於蓋子上。

鮮奶油（細長）
材料
- - - - - - - - - - - - - - - - - - - -
不織布：可可色
繡線、白膠
參照P.42作法製作8個，再以白膠貼在蓋子上。

馬卡龍
材料
- - - - - - - - - - - - - - - - - - - -
不織布：咖啡色
繡線、厚紙、手工藝用棉花、白膠
以P.72作法製作，再斜縫於蓋子上。

珍珠串珠
金色珍珠串珠（直徑6mm）・8個
以繡線縫於蓋子上。

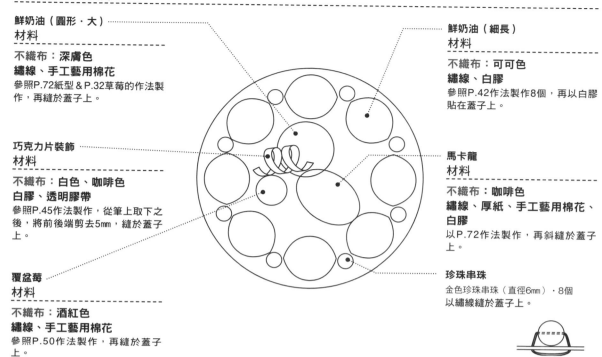

回針縫。

草莓蛋糕の装飾

鮮奶油
材料
- - - - - - - - - - - - - - - - - - - -
不織布：白色
繡線、手工藝用棉花、白膠
參照P.32作法製作5個，再以白膠貼於蓋子上。

草莓
材料
- - - - - - - - - - - - - - - - - - - -
不織布：牡丹色
繡線、手工藝用棉花、小圓串珠（透明）10×5個
參照P.32作法製作，再縫於蓋子上。

巧克力片裝飾
材料
- - - - - - - - - - - - - - - - - - - -
不織布：白色、粉紅色
白膠、透明膠帶
參照P.45作法製作，從筆上取下之後，將前後端剪去5mm，縫於蓋子上。

鮮奶油（圓形・大）
材料
- - - - - - - - - - - - - - - - - - - -
不織布：白色
繡線、手工藝用棉花
參照P.72紙型＆P.32草莓的作法製作，再縫於蓋子上。

馬卡龍
材料
- - - - - - - - - - - - - - - - - - - -
不織布：淺鮭魚粉紅
繡線、厚紙、手工藝用棉花、白膠
以P.72作法製作，再斜縫於蓋子上。

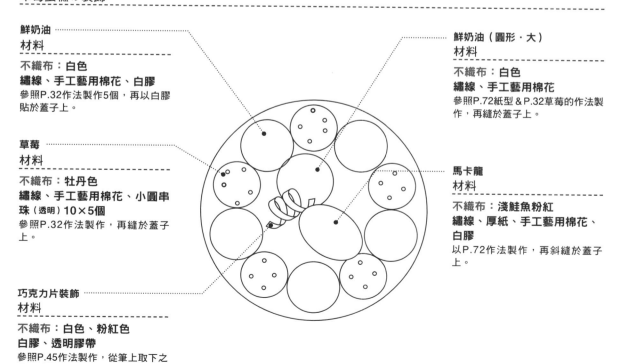

可愛の甜點飾品＆小物

作品欣賞 ➡ P.24至P.25

水果多多の磁鐵

1. 巧克力＆水果
2. 酒紅＆水果
3. 檸檬＆水果

材料

1.巧克力＆水果

不織布：濃咖啡色（本體）
　　　　深咖啡色、咖啡色（巧克力片裝飾）
　　　　可可色（迷你小擠花）
　　　　深黃綠色（香草）
　　　　酒紅色（覆盆莓）
繡線、金色珍珠串珠（直徑6mm）・3個

2.酒紅＆水果

不織布：酒紅色（本體）
　　　　白色（迷你小擠花＆鮮奶油）
　　　　深黃綠色（香草）
　　　　紅色（迷你草莓）
　　　　米白色（脆笛酥）
　　　　藏青色、淺紫色（藍莓）
繡線、小圓串珠（透明）10個

3.檸檬＆水果

不織布：檸檬黃（本體）
　　　　白色（迷你小擠花＆鮮奶油〈圓形〉）
　　　　橘色、嫩黃色、金黃色（切片柳橙）
　　　　牡丹色（櫻桃）
　　　　黃綠色、嫩黃色（奇異果）
繡線、毛球（直徑1cm）白色・1個、鬆緊繩
（細）深咖啡色・8cm

1・2・3共用

市售圓形磁鐵（直徑5cm）各1個
手工藝用棉花、白膠

迷你小擠花
參照P.75作法製作。

香草葉
參照P.49作法製作。

巧克力片裝飾
參照P.45作法製作。

珍珠串珠
以繡線縫上固定。

迷你草莓
參照P.78紙型＆P.32作法製作。

香草葉
參照P.49作法製作。

覆盆莓
參照P.50作法製作。

鮮奶油
參照P.34作法製作。

脆笛酥
參照P.35紙型＆作法製作。

藍莓
參照P.50紙型＆作法製作。

迷你小擠花
參照P.75作法製作。

切片柳橙
參照P.48作法製作。

櫻桃
參照P.50作法製作。

奇異果切片
參照P.75作法製作。

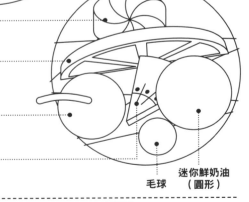

毛球

**迷你鮮奶油
（圓形）**

各材料の作法

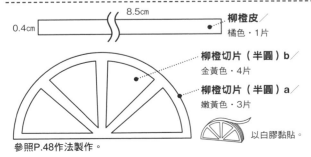

0.4cm　　8.5cm

柳橙皮／
橘色・1片

柳橙切片（半圓）b／
金黃色・4片

柳橙切片（半圓）a／
嫩黃色・3片

以白膠黏貼。

參照P.48作法製作。

迷你鮮奶油（圓形）／
白色・1片

參照P.32草莓的作法製作。

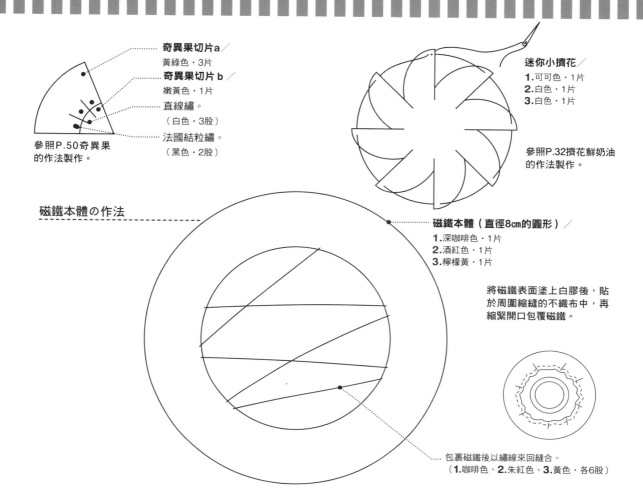

奇異果切片a／
黃綠色・3片

奇異果切片b／
嫩黃色・1片

直線繡。
（白色・3股）

法國結粒繡。
（黑色・2股）

參照P.50奇異果
的作法製作。

迷你小擠花／
1.可可色・1片
2.白色・1片
3.白色・1片

參照P.32擠花鮮奶油
的作法製作。

磁鐵本體の作法

磁鐵本體（直徑8cm的圓形）／
1.深咖啡色・1片
2.酒紅色・1片
3.檸檬黃・1片

將磁鐵表面塗上白膠後，貼
於周圍縮縫的不織布中，再
縮緊開口包覆磁鐵。

包裹磁鐵後以繡線來回縫合。
（1.咖啡色、2.朱紅色、3.黃色・各6股）

巧克力餅乾髮飾
1. 氣質風（咖啡色系）　**2.** 可愛風（粉紅色系）

材料

1.氣質風
不織布：**可可色**（迷你小擠花）
　　　　奶油色、咖啡色（心形餅乾）
　　　　奶油色、深咖啡色（方形餅乾）
　　　　濃咖啡色（圓形巧克力）
　　　　酒紅色（覆盆莓）
繡線、水鑽（直徑6mm）透明・1個、**玻璃粉**

2.可愛風
不織布：**白色**（迷你小擠花）
　　　　奶油色、酒紅色（心形餅乾）
　　　　奶油色、粉紅色（方形餅乾）
　　　　淺粉紅色（圓形巧克力）
　　　　酒紅色（覆盆莓）
繡線、水鑽（直徑6mm）粉紅色・1個、**玻璃粉**

1・2共用
髮插（3.5×7.5cm）各1個、**白膠、厚紙、手工藝用
棉花、色鉛筆**（土黃色&咖啡色）、**玻璃粉**

1 製作各種裝飾物。

2 先將大的裝飾物縫在髮插
上，再縫上小的。

3 以白膠在髮插後面補強黏
貼。

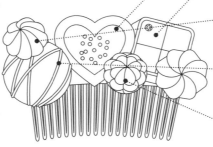

心形餅乾
參照P.63作法製作。

方形餅乾
參照P.63作法製作＆貼上水
鑽。

迷你小擠花
參照上記作法製作2個。

圓形巧克力
參照P.56草莓松露巧克力的
作法製作。

覆盆莓
參照P.50紙型＆作法製作。

馬卡龍&草莓吊飾

1. 氣質風（白色系）
2. 可愛風（粉紅色系）

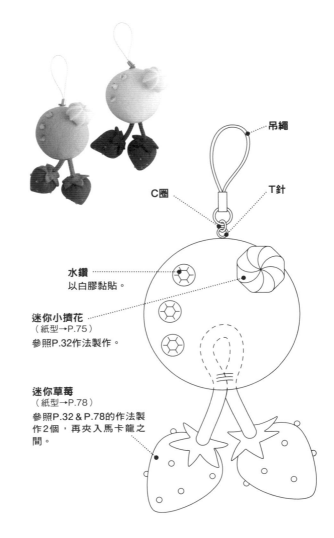

材料

1.氣質風
不織布：乳白色、深咖啡（馬卡龍）
　　　　白色（迷你小擠花）
　　　　酒紅色、深綠色（草莓）
繡線、圓繩（細）深綠色・20cm、水鑽（直徑6mm）透明・3個

2.可愛風
不織布：淺粉紅色、奶油色（馬卡龍）
　　　　白色（迷你小擠花）
　　　　紅色、深黃綠色（草莓）
繡線、圓繩（細）綠色・20cm、水鑽（直徑6mm）粉紅色・3個
繡線：粉紅色

1・2共用
吊飾組（含圓環・吊繩為白色）各1個、T針（銀色）各1個、C圈（銀色）各1個、發泡塑料托盤

手工藝用棉花、白膠、小圓串珠（透明）各10×2個

吊繩

C圈　　　　　　　T針

水鑽
以白膠黏貼。

迷你小擠花
（紙型→P.75）
參照P.32作法製作。

迷你草莓
（紙型→P.78）
參照P.32＆P.78的作法製作2個，再夾入馬卡龍之間。

馬卡龍本體の作法

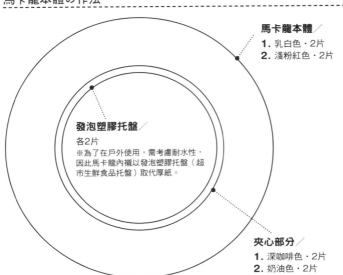

馬卡龍本體／
1. 乳白色・2片
2. 淺粉紅色・2片

發泡塑膠托盤／
各2片
※為了在戶外使用，需考慮耐水性，因此馬卡龍內襯以發泡塑膠托盤（超市生鮮食品托盤）取代厚紙。

夾心部分／
1. 深咖啡色・2片
2. 奶油色・2片

1 將馬卡龍本體四周縮縫，塞入棉花後束緊，再從縮口處放入發泡塑料托盤＆拉緊縫線。共製作2個。其中一個上面打洞，放入T針後再以白膠補強；另一個則縫上串繩的迷你草莓。

2 先以白膠黏合2片夾心，再夾入*1*中＆以白膠黏合。

3 以書本等重物重壓成品一晚後，貼上水鑽，再利用C圈裝上吊繩。

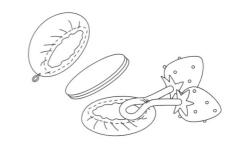

送禮好選擇！小寶貝の玩具

作品欣賞 ➡ P.26

冰淇淋（紙型→P.68）

參照P.68＆P.70作法製作（餅乾杯本體紙型參考下方）。塞入棉花＆束口時，需在棉花中間放入塑膠鈴鐺，以使搖晃時會發出聲響，淋醬部分則進行直線繡。

※不需放入磁鐵。

塑膠鈴鐺

冰淇淋手搖鈴

材料

不織布：白色、嫩綠色（冰淇淋）
　　　　牡丹色、深黃綠色（櫻桃）
　　　　餅乾色（餅乾杯）
繡線、厚紙、手工藝用棉花、白膠、塑膠鈴鐺、圓繩（細）綠色・20cm

白色

嫩綠色

1 將櫻桃不織布四周縮縫，塞入棉花後束起，再塞入圓繩一端＆束緊。

2 以線縫合束口，固定繩子。繩子另一端亦以相同方式縫上櫻桃。

3 將繩子稍微調整成一邊高一邊低，與葉子一起縫在冰淇淋上。

直線繡
（深粉紅色、檸檬黃・各6股）

葉子／
深黃綠色
2片

櫻桃／
牡丹色・2片

回針繡
（土黃色・6股）

餅乾杯本體／
餅乾色・1片

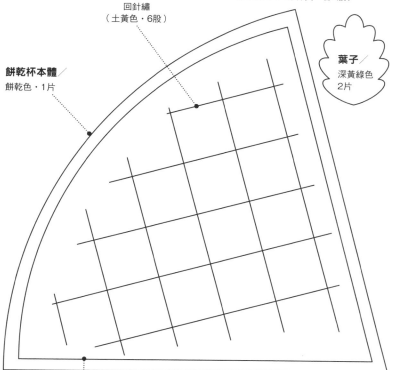

餅乾杯本體厚紙（較不織布內縮3mm）／1片

餅乾杯上部厚紙／1片
冰淇淋底部厚紙／1片

餅乾杯上部／
餅乾色・1片

冰淇淋底部／
嫩綠色・1片

※由於不使用磁鐵，厚紙中央不需挖洞。

甜甜圈握力器

材料
不織布：奶油色、白色、咖啡色（小熊臉部）
　　　　膚色、檸檬黃（甜甜圈）
　　　　紅色、綠色（迷你草莓）
繡線、手工藝用棉花、白膠、圓繩（細）綠
色・20cm、毛球（直徑1cm）黃綠色含金蔥・2
個、小圓串珠（透明）10×2個、鳴笛・啾啾發
聲器（厚2.5cm、長4cm、寬2.5cm）・1個

※為免小寶貝誤食，毛球、串
　珠等小零件務必完全固定。

整體の作法

1 將2個迷你草莓圓繩裝飾＆小熊臉部預先作備用。將小熊的臉縫上嘴部，眼睛＆鼻子則以白膠黏貼。

2 將甜甜圈挖空的部分捲針縫。一邊塞入棉花一邊將周圍捲針縫，並夾入草莓裝飾縫合。

3 在甜甜圈的檸檬黃不織布上刺繡＆縫上草莓的葉子。接著縫上小熊的臉部，且在接合處以白膠貼上毛球。

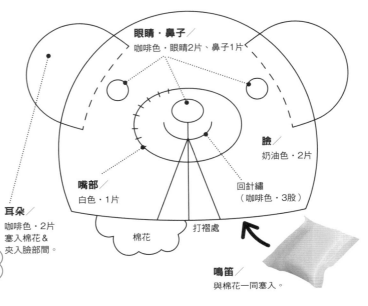

眼睛・鼻子／
咖啡色・眼睛2片、鼻子1片

臉／
奶油色・2片

嘴部／
白色・1片

回針繡
（咖啡色・3股）

耳朵／
咖啡色・2片
塞入棉花＆
夾入臉部間。

棉花　　打褶處

鳴笛／
與棉花一同塞入。

甜甜圈の作法

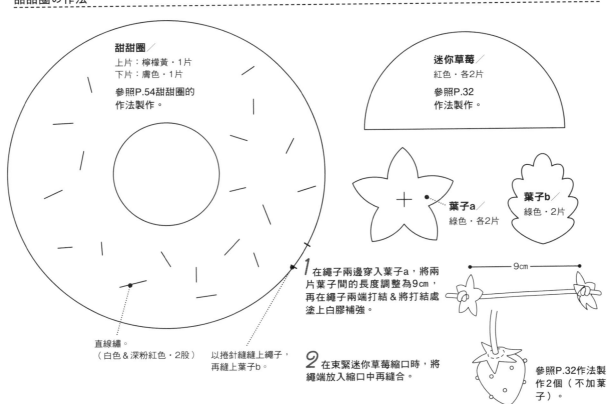

甜甜圈／
上片：檸檬黃・1片
下片：膚色・1片

參照P.54甜甜圈的
作法製作。

迷你草莓／
紅色・各2片

參照P.32
作法製作。

葉子a／
綠色・各2片

葉子b／
綠色・2片

直線繡。
（白色＆深粉紅色・2股）

以捲針縫縫上繩子，
再縫上葉子b。

1 在繩子兩邊穿入葉子a，將兩片葉子間的長度調整為9cm，再在繩子兩端打結＆將打結處塗上白膠補強。

9cm

2 在束緊迷你草莓縮口時，將繩端放入縮口中再縫合。

參照P.32作法製作2個（不加葉子）。

不織布&繡線色號表

本書皆使用SUN FELT公司的不織布（20×20cm）進行作品製作。
以下列出各種顏色色號&介紹其所對應的繡線（Olympus）色號，
除了可供參考，自行搭配顏色設計也OK，
請盡情地享受自己動手製作不織布小物的樂趣吧！

顏色名稱		SUN FELT色號	Olympus色號
粉紅色系	嫩粉色	110	1041
	淺粉紅色	102	1042
	粉彩粉紅	103	124
	鮭魚粉紅色	105	1082
	淺鮭魚粉紅	123	1119
	粉紅色	126	126
	明亮粉紅色	108	1046
	深粉紅色	125	128
	牡丹色	116	1085
紅色・橘色系	淺膚色	301	140
	膚色	336	751
	柿子色	139	1052
	橘色	370	534
	暗橘色	144	755
	朱紅色	114	700、188
	紅色	113	190
	紅磚色	117	145
	酒紅色	120	1028
	暗紅色	118	1029
黃色系	嫩黃色	304	540
	奶油色	331	5205
	檸檬黃	313	543
	黃色	332	502
	沈穩的金黃色	333	503
	金黃色	383	523
	土黃色	334	503
米白色・咖啡色系	米白色	213	733、734
	深膚色	221	765
	淺咖啡色	235	742
	灰綠色	273	841
	可可色	219	736
	咖啡色	225	712、713
	咖啡色	227	737
	深咖啡色	229	739

顏色名稱		SUN FELT色號	Olympus色號
藍色系	嫩藍色	552	353
	水藍色	553	332
	淺土耳其藍	554	391
	土耳其藍色	583	3715
	深土耳其藍	569	386、392
	藍色	557	367
	藏青色	559	334
	深藍色	558	357
紫色系	嫩紫色	680	623
	暗紫色	662	615
	淺紫色	663	624
	深紫色	668	6655
綠色系	粉彩綠	574	221
	嫩綠色	405	243、252
	黃綠色	450	274
	深黃綠色	443	229、231
	綠色	440	200
	深綠色	446	246
	墨綠色	449	247
	抹茶色	442	214
	深抹茶色	444	216
單色調	白色	703	800
	純白色	701	806
	混灰色	MB	484
	灰色	771	484
	深灰色	770	485、486
	黑色	790	900

※民藝不織布

乳白色	B72	800
混合深咖啡色	G26	778

※因各時期・店面等因素，可能未販售此處記載之商品。

趣・手藝 53

New Open・開心玩！
開一間超人氣の不織布甜點屋

作　　者／堀內さゆり
譯　　者／吳思穎
發 行 人／詹慶和
總 編 輯／蔡麗玲
執行編輯／陳姿伶
編　　輯／蔡毓玲・劉蕙寧・黃璟安・白宜平・李佳穎
封面設計／翟秀美
美術編輯／陳麗娜・周盈汝
內頁排版／造極
出 版 者／Elegant-Boutique新手作
發 行 者／悅智文化事業有限公司　　郵政劃撥帳號／19452608
戶　　名／悅智文化事業有限公司
地　　址／220新北市板橋區板新路206號3樓
網　　址／www.elegantbooks.com.tw
電子郵件／elegant.books@msa.hinet.net
電　　話／(02)8952-4078
傳　　真／(02)8952-4084

2015年8月初版一刷　定價280元

KAWAII FELT NO OKASHIYASAN
Copyright © 2011 by Sayuri Horiuchi
Originally published in Japan in 2011 by PHP Institute, Inc.
Traditional Chinese translation rights arranged with PHP Institute, Inc.
through CREEK&RIVER CO., LTD.

經銷／高見文化行銷股份有限公司
地址／新北市樹林區佳園路二段70-1號
電話／0800-055-365　　傳真／(02)2668-6220

國家圖書館出版品預行編目(CIP)資料

New Open.開心玩！：開一間超人氣の不織布甜點
屋／堀內さゆり著；吳思穎譯. -- 初版. -- 新北市：
新手作出版：悅智文化發行, 2015.08
　面；　公分. -- (趣.手藝；53)
ISBN 978-986-5905-96-5(平裝)

1.手工藝

426.7　　　　　　　　　　104010252

作者介紹

堀內さゆり（ほりうちさゆり）
手工藝設計師、插畫家。
女子美術大學畢業後，曾擔任卡通人物版權公司企劃設
計師。
之後赴德國生活5年，回國後開始從事不織布、刺繡、
裁縫等手工藝&插畫創作活動。擅長的範圍極為廣泛，
且持續為人們帶來各種享受生活的提案。著有《フェル
トのおままごと小もの》（パッチワーク通信社）等，
於眾多著書中皆可見其作品。
http://homepage2.nifty.com/biene/

Staff

書本設計／mogmog Inc.
攝　　影／中村あかね
插　　畫／ばばめぐみ
紙型描繪・插圖／結城 繁
桌上排版／天龍社
編　　輯／株式會社 童夢

不織布提供／SUN FELT株式會社
http://www.sunfelt.co.jp/

趣·手藝 13

動手做好玩好玩的56款寶貝の玩具：不織布×瓦楞紙×零碼布：生活素材大變身！
BOUTIQUE-SHA◎著
定價280元

趣·手藝 14

隨手可摺紙雜貨：75招超便利回收紙應用提案
BOUTIQUE-SHA◎著

趣·手藝 15

超萌手作！歡迎光臨黏土動物園挑戰可愛極限的居家實用小物65款
幸福豆手創館（胡瑞娟 Regin）◎著
定價280元

趣·手藝 16

166枚好感系×超簡單創意剪紙圖案集，摺！剪！開！完美剪紙3 Steps
室岡昭子◎著
定價280元

趣·手藝 17

可愛又華麗的俄羅斯娃娃&動物玩偶：繪本風の不織布創作
北向邦子◎著
定價280元

趣·手藝 18

玩不織布扮家家酒！——在家自己作12間超人氣甜點屋&西餐廳&壽司店的50道美味料理
BOUTIQUE-SHA◎著
定價280元

趣·手藝 19

文具控最愛的手工立體卡片——超簡單！看圖就會作！貼縫不打烊！萬用卡×生日卡×節慶卡自己一手搞定！
鈴木孝美◎著
定價280元

趣·手藝 20

初學者ok啦！一起來作36隻超萌の串珠小鳥
市川ナヲミ◎著
定價280元

趣·手藝 21

超有雜貨FU！文具控&手作迷一看就想刻のとみこ橡皮章手作創意明信片×包裝小物×雜貨風裝飾
とみこはん◎著

趣·手藝 22

88款不織布の季節布置小物
BOUTIQUE-SHA◎著
定價280元

趣·手藝 23

Bonjour！可愛的！超簡單巴黎風黏土小旅行：旅行×甜點×娃娃×雜貨——女孩最愛的造型黏土BOOK
蔡青芬◎著
定價320元

趣·手藝 24

macaron可愛進化！布作×刺繡·手作56款超人氣花式馬卡龍吊飾
BOUTIQUE-SHA◎著
定價280元

趣·手藝 25

「布」一樣的可愛！26個牛奶盒作的布盒 完美收納設計帶&桌上小物
BOUTIQUE-SHA◎著
定價280元

趣·手藝 26

So yummy!甜在心黏土蛋糕捏一揉·提一提·我也是甜心糕點大師！（暢銷新裝版）
幸福豆手創館（胡瑞娟 Regin）◎著
定價280元

趣·手藝 27

紙の創意！一起來作75道簡單又好玩的摺紙甜點×料理
BOUTIQUE-SHA◎著
定價280元

趣·手藝 28

活用度100%！500枚橡皮章日日刻
BOUTIQUE-SHA◎著
定價280元

趣·手藝 29

nap's小可愛手作帖：小玩皮！雜貨控の手縫皮革小物
長崎優子◎著
定價280元

趣·手藝 30

誘人の夢幻手作！光澤感×超擬真·一眼就愛上の甜點黏土飾品37款
河出書房新社編輯部◎著
定價300元

趣·手藝 31

心意·造型·色彩all in one 一次學會緞帶×紙張の包裝設計24招！
長谷良子◎著
定價300元

趣·手藝 32

賢上女孩的優雅&浪漫 天然石×珍珠の結編飾品設計69款
日本ヴォーグ社◎著
定價280元

趣·手藝 33

Party Time！女孩兒的可愛不織布甜點家家酒：廚房用具×甜點×麵包×Pizza×餐盒 套餐
BOUTIQUE-SHA◎著
定價280元

趣·手藝 34

動動手指就OK！三秒鐘·愛上62枚可愛的摺紙小物
BOUTIQUE-SHA◎著
定價280元

趣·手藝 35

簡單好縫大成功！一次學會65件超可愛皮小物×實用長夾
金澤明美◎著
定價320元

趣·手藝 36

超好玩&超益智！趣味摺紙大全集—完整收錄157件超人氣摺紙動物&紙玩具
主婦之友社◎授權
定價380元

雅書堂 新手作
雅書堂文化事業有限公司
22070新北市板橋區板新路206號3樓
facebook 粉絲團:搜尋 雅書堂
部落格 http://elegantbooks2010.pixnet.net/blog
TEL:886-2-8952-4078 ・ FAX:886-2-8952-4084

趣・手藝 37

大日子╳小手作!365天都
能送的祝福系手作黏土禮
物提案FUN送BEST.60
幸福豆手創館(胡瑞娟 Regin)
師生合著
定價320元

趣・手藝 38

100%可愛的塗鴉裝飾!
手帳控&卡片迷都想學的
手繪風文字圖繪750點
BOUTIQUE-SHA◎授權
定價280元

趣・手藝 39

不澆水!黏土作的喲!超
可愛多肉植物小花園:仿
真雜貨╳人氣配色╳手
作綠意——懶人在家也能
作的經典款多肉植物黏土
BEST.25
蔡青芬◎著
定價350元

趣・手藝 40

簡單・好作的不織布換裝
娃娃時尚微手作——4款
風格娃娃╳80件魅力服裝
&配飾
BOUTIQUE-SHA◎授權
定價280元

趣・手藝 41

Q萌玩偶出沒注意!
輕鬆手作112隻療癒系的
可愛不織布動物
BOUTIQUE-SHA◎授權
定價280元

趣・手藝 42

【完整教學圖解】
摺╳疊╳剪╳刻4步驟完成
120款美麗剪紙
BOUTIQUE-SHA◎授權
定價280元

趣・手藝 43

9 位人氣作家可愛發想大
集合每天都想使用的萬用
橡皮章圖案集
BOUTIQUE-SHA◎授權
定價280元

趣・手藝 44

動物系人氣手作!
DOGS & CATS・可愛的
掌心揉揉狗動物偶
須佐沙知子◎授權
定價300元

趣・手藝 45

初學者的第一本UV膠飾品教
科書:從初學到進階!製作超
人氣作品的完美小祕訣All in
one!
熊崎堅一◎監修
定價350元

趣・手藝 46

定食・麵包・拉麵・甜點・擬真
度100%!輕鬆作1/12の微型
樹脂土美食76道
ちょび子◎著
定價320元

趣・手藝 47

全齡OK!親子同樂腦力遊戲
完全版・趣味翻花繩大全集
野口廣◎監修
主婦之友社◎授權
定價399元

趣・手藝 48

牛奶盒作の!美麗布盒設計
60選 清爽收納x空間點綴の
好點子
BOUTIQUE-SHA◎授權
定價280元

趣・手藝 49

原來是黏土!MARUGO
の彩色多肉植物日記:
自然素材・風格雜貨・
造型盆器懶人在家也能
作的經典多肉植物黏土
ZAKKA.27
丸子(MARUGO)◎著
定價350元

趣・手藝 50

CANDY COLOR
TICKET
超可愛的糖果系透明樹脂
x樹脂土甜點飾品
CANDY COLOR TICKET◎著
定價320元

趣・手藝 51

Rose window美麗&透光・
玫瑰窗對稱剪紙
平田朝子◎著
定價280元

趣・手藝 52

玩黏土・作陶器!可愛北歐風
別針77選
BOUTIQUE-SHA◎著
定價280元

自由組合裝飾，隨心搭配好有趣！